理化检测技术与应用丛书

光电直读光谱分析技术与应用

组　编　中国中车股份有限公司计量理化技术委员会

主　编　于跃斌　宋　渊

副主编　刘景梅

参　编　岳　伦　李晓燕　吴　伟　张　华　杜立新

　　　　商雪松　孙俊艳　张艳云

机 械 工 业 出 版 社

本书系统地介绍了光谱定性定量分析的基本原理,光电直读光谱仪的发展、结构与维护保养,光谱试样的制备要求及方法,以及各种型号的光电直读光谱仪在不同金属材料成分分析中的应用实例;同时,还介绍了标准分析方法及标准物质,分析数据的处理及不确定度的相关概念与评定等内容。书中的分析应用实例部分,结合目前常用的光电直读光谱仪,对碳素钢和中低合金钢、铸铁、不锈钢,以及铜、铝及其合金等金属材料分析的检测范围、质量要求、仪器参数的选择、数据处理及软件操作等做了详细介绍。本书采用现行的相关国家标准和行业标准,内容新颖,实用性强。

本书可供从事光电直读光谱仪检测的相关技术人员和研究人员使用,也可作为轨道交通理化检测人员的培训教材,同时也可供相关专业的在校师生阅读参考。

图书在版编目(CIP)数据

光电直读光谱分析技术与应用/中国中车股份有限公司计量理化技术委员会组编;于跃斌,宋渊主编. —北京:机械工业出版社,2024.3(2024.10 重印)

(理化检测技术与应用丛书)

ISBN 978-7-111-75178-6

Ⅰ.①光… Ⅱ.①中… ②于… ③宋… Ⅲ.①光电直读光谱仪 Ⅳ.①TH744.11

中国国家版本馆 CIP 数据核字(2024)第 041229 号

机械工业出版社(北京市百万庄大街 22 号 邮政编码 100037)

策划编辑:陈保华　　　　　　责任编辑:陈保华 王春雨
责任校对:潘 蕊 张 征　　封面设计:马精明
责任印制:张 博
北京雁林吉兆印刷有限公司印刷
2024 年 10 月第 1 版第 2 次印刷
184mm×260mm·10.5 印张·243 千字
标准书号:ISBN 978-7-111-75178-6
定价:49.00 元

电话服务　　　　　　　　　网络服务
客服电话:010-88361066　　机 工 官 网:www.cmpbook.com
　　　　　010-88379833　　机 工 官 博:weibo.com/cmp1952
　　　　　010-68326294　　金 书 网:www.golden-book.com
封底无防伪标均为盗版　　　机工教育服务网:www.cmpedu.com

丛 书 编 委 会

前　言

　　光电直读光谱仪是快速分析金属固体试样化学成分的分析仪器。现代原子发射光谱分析技术在光源、光学系统结构、检测器及软件等方面的发展使光电直读光谱仪越来越广泛地应用于冶金冶炼、机械制造及第三方检测等领域。

　　光电直读光谱分析，一方面因其分析速度快、准确度高、适用范围广等优点，被中国中车股份有限公司下属各子公司的检验检测机构大量引进使用；另一方面又因仪器对分析任务变化的适应能力较差，作为相对分析方法需要合适的标准样品，对环境等因素敏感，以及对金属材料形状的限制，使得相关从业人员必须具备一定的专业素养。

　　本书是按照中国中车股份有限公司计量理化技术委员会的规划，根据检验检测机构的实际需要编写的。本书系统地介绍了光谱定性定量分析的基本原理，光电直读光谱仪的发展、结构与维护保养，光谱试样的制备要求及方法，以及各种型号的光电直读光谱仪在不同金属材料成分分析中的应用实例；同时，还介绍了标准分析方法及标准物质，分析数据的处理及不确定度的相关概念与评定等内容。

　　本书由于跃斌、宋渊担任主编，刘景梅担任副主编，参加编写工作的还有：岳伦、李晓燕、吴伟、张华、杜立新、商雪松、孙俊艳、张艳云。其中第1章由李晓燕、刘景梅共同编写，第2章由于跃斌、吴伟编写，第3章及第4章的4.1节与4.2节由商雪松编写，第4章的4.3节由宋渊编写，第5章的5.1节由杜立新编写，第5章的5.2节由岳伦编写，第5章的5.3节由张华编写，第5章的5.4节由孙俊艳、张艳云共同编写。

　　本书是集体智慧的结晶，是参加编写的技术人员的经验总结。本书可供从事光电直读光谱仪检测的相关技术人员和研究人员使用，也可作为轨道交通理化检测人员的培训教材，同时也可供相关专业的在校师生阅读参考。

　　由于编者水平有限，难免有不足和错误，恳请读者批评指正。

宋　渊

目 录

第 1 章

光电直读光谱分析简介

1.1 概述

1.1.1 光电直读光谱分析的发展

原子发射光谱（atomic emission spectroscopy，AES）法是依据处于激发态的待测元素原子或离子回到基态时发射的特征谱线，对待测元素进行定性与定量分析的方法，是光谱学各个分支中最为古老的一种。原子发射光谱法主要包括等离子体原子发射光谱法、火花原子发射光谱法、激光光谱法、辉光光谱法等。

1859 年和 1860 年，基尔霍夫（Kirchhoff）和本生（Bunsen）为了研究金属的光谱而设计制造了一种完善的分光装置，由此诞生了世界上第一台实用的光谱仪器，建立了光谱分析的初步基础。从 1860 年到 1907 年间，用火焰和电火花放电相继发现了铯、铷、铊、铟、氦、氩、镓、钾及一系列稀土元素等，原子发射光谱法进入了定性分析阶段。

1882 年，罗兰（Rowland）发明了凹面光栅，解决了当时棱镜光谱仪所遇到的不可克服的困难，不仅简化了光谱仪的结构，而且提高了它的性能。

玻尔理论对光谱的激发过程、光谱线强度等提出了比较满意的解释。1925 年，格拉奇（Gerlach）提出了内标法。从测定光谱线的绝对强度转到测量谱线的相对强度，使光谱分析从定性分析发展到定量分析。光谱分析方法逐渐走出实验室并应用于工业分析。

光谱学的进步和工业生产的发展使得光谱仪器得到了迅速发展，一方面改善了激发光源的稳定性；另一方面提高了光谱仪器本身的性能。最早的激发光源是火焰，后来又发展应用简单的电弧和电火花作为激发光源。20 世纪三四十年代，改进采用控制的电弧和电火花作为激发光源，提高了光谱分析的稳定性。1945 年，光电直读光谱仪的研制成功，使发射光谱分析又有了新的发展；随着计算机和电子技术的发展普及，20 世纪 70 年代以来，新型光谱仪器广泛采用计算机控制，不仅提高了分析精度和速度，而且对分析过程实现了自动化控制。

在原子发射光谱分析的发展过程中，光电倍增管（photomultiplier，PMT）曾作为主要的检测器沿用了数十年。不过，单个 PMT 不具备多通道同时检测信号的能力，所以不能一次同时获得分析线与光谱背景或谱线的干扰信息。新型固态检测器具有灵敏度高、高光谱响应范围宽、多元素同时测定能力和全谱同时记录能力强等特点，给光谱分析领域带来了革命性的进展。登顿（Denton）等最早将电荷耦合器件（charge coupled device，CCD）用于原子光谱分析。使用固态检测器的光谱仪在20世纪90年代得到了快速发展，CCD等固体检测器与可提供二维光谱且分辨率很高的中阶梯光栅结合，使分光系统的焦距大为缩短，极大地减小了仪器的体积和质量，使光谱仪向全谱和小型轻便化方向发展。

1.1.2　光电直读光谱分析的特点

光电直读光谱分析具有以下特点：

1）分析速度快。光电直读光谱分析能同时测定许多元素，现代的光电直读光谱分析大多采用计算机进行结果的计算，因而在几分钟内即可获得几十种元素的分析结果。

2）准确度高。光电直读光谱分析的测量误差可降至0.2%以下，对于常量和微量元素的测量误差通常小于湿法分析方法，但对高含量元素的测量误差则往往比湿法分析要大。

3）适用的波长范围广。光电直读光谱分析的波长范围由所用的光电倍增管的性能决定。真空型光电直读光谱仪可以测量在真空紫外区出现谱线的元素，如硫、磷、碳、硼、氮等。

4）适用的浓度范围广。由于光电倍增管的放大能力强，对强弱不同谱线的放大倍数不同，相差可达1000倍。因而光电直读光谱仪可同时测定同一样品中含量相差较大的各种元素。

5）样品用量少。只需在样品表面激发极少量的试样即可完成光谱全分析。但由于取样量少，样品的不均匀性可导致分析结果的误差增大。

6）仪器价格昂贵。光电直读光谱仪大多需要在隔绝空气的状态下进行分析，需要在操作过程中在电极架周围连续地通入惰性气体氩气。因此，对于样品品种繁多、相同类样品数量又少的实验室，仪器运行成本较高；而对于品种单一、分析数量又多的实验室，光电直读光谱仪因分析速度快、所需分析人员少，其分析成本较低。

7）对分析任务变化的适应能力较差。每台仪器使用的出射狭缝在出厂前已经调节好，不易变更，这对元素固定的例行产品分析非常方便，但对样品种类不固定的用户则不太适用。新型光电直读光谱仪在适应性方面已经有了较大的改进。

为了消除室温和大气压力变化所产生的影响，保证仪器的灵敏度和分析结果的准确度，仪器的局部光学系统或整个仪器须置于恒温环境中，这给仪器的维护、保养造成一定的困难。

光电直读光谱分析是一种相对分析方法，需要用一套相同或相近的系列标准样品（简称标样）来做工作曲线，并用适当的控制样品（简称控样）来进行结果验证，但经常由于标准样品的不易获得给光谱分析造成一定的困难。

由于光电直读光谱分析是对在一定直径范围内的试样表面进行激发，因此还受到金属材料形状的限制。分析结果与分析过程中试样的温度有关。直径太小的圆材或厚度过薄的板材都可能无法进行分析，或分析结果存在严重偏差。

1.2　光谱定性定量分析原理

1.2.1　光谱的产生

自然界中存在的不同物质都是由不同元素的原子所组成，而原子都包含着一个结构紧密的原子核，核外围绕着不断运动的电子。每个电子处在一定的能级上，具有一定的能量。在正常的情况下原子处于稳定状态，它的能量是最低的这种状态，称为基态。但当原子受到外界能量（如热能、电能等）的作用时，原子由于与高速运动的气态粒子和电子相互碰撞而获得了能量，使原子中外层的电子从基态跃迁到更高的能级上，原子所处的这种状态称为激发态。这种将原子中的一个外层电子从基态跃迁至激发态所需的能量称为激发电位，通常以电子伏特（eV）来度量。当外加的能量足够大时，可以把原子中的电子从基态跃迁至无限远处，即脱离原子核的束缚力，使原子成为离子，这种过程称为电离。

　　原子发射光谱的产生过程如图 1-1 所示。

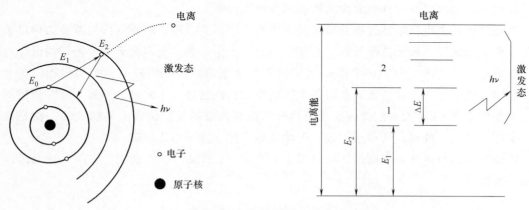

图 1-1　原子发射光谱的产生过程

注：h 为普朗克常量，ν 为光波的频率。

　　原子（离子）受电能或热能的作用吸收了一定的外界能量时，原子最外层的一个或几个电子就从一种能量状态（基态）跃迁至另一种能量状态（激发态）。处于激发态的原子或离子很不稳定，约 10^{-8} s 便跃迁返回基态，这时原子或离子就会释放出多余的能量，这个能量以电磁辐射的形式释放出来就形成了具有特殊波长的光，其波长 λ 与能量的关系为

$$\lambda = \frac{c}{\nu} = \frac{ch}{E_2 - E_1} \tag{1-1}$$

式中　c——光速；

　　　　ν——光波的频率；

　　　　h——普朗克常量；

　　　　E_2——较高能级的电子能量；

　　　　E_1——较低能级的电子能量。

　　原子线是指原子的外层电子受到激发所产生的谱线，用 I 表示。离子线是指离子的外层电子受到激发所产生的谱线，II 表示一级离子发射的谱线，III 表示二级离子发射的谱线。

1.2.2　光谱定性分析原理

　　将这些电磁波按一定的波长顺序排列即为原子光谱（线状光谱），原子光谱是原子结构和其内部运动规律的表征，每一种元素的原子都有它的特征光谱。通过识别原子光谱中的元

素特征谱线来确定样品中是否存在被检元素，这就是光谱定性分析的原理。

在实际分析中，确定某一元素在样品中是否存在往往依靠这个元素的特征谱线组或最后线。特征谱线组是一些元素的双重线、三重线或者几组双重线，并不包括这些元素的最后线。在一些化学及物理手册中，可以查到各元素的最后线或灵敏线。例如，铜的特征谱线组是 Cu324.754nm 和 Cu327.396nm，只要查看试样的发射光谱中有没有这些特征谱线组，就能判断分析试样中是否含有铜元素。或者辨别一个元素的最后线中的几条即可判断这个元素是否在样品中存在。但因其他元素谱线与之重叠而引起的干扰可能使最后线的一条或两条不能用来判断。在摄取的光谱中逐条检查最后线是光谱定性分析的基本方法，但当样品中元素含量较高时，也可以利用这些元素的特征谱线组来判断。

铁光谱比较法进行定性分析是目前最通用的方法，它采用铁的光谱作为波长的标尺来判断其他元素的谱线。铁光谱作为标尺有如下特点：①谱线多，大多数元素分析用的谱线均出现在铁的光谱范围内，在 210~660nm 范围内有几千条谱线；②谱线间相距都很近，在上述波长范围内均匀分布；③科研人员对每条铁谱线波长都已进行了精确的测量。标准光谱图是在相同条件下把 68 种元素的谱线按波长顺序插在铁光谱的相应位置上而制成的。铁光谱比较法实际上是与标准光谱图进行比较，因此又称为标准光谱图比较法。

标准光谱图与试样光谱图的比较如图 1-2 所示，上面是元素的谱线，中间是铁光谱，下面是波长标尺。

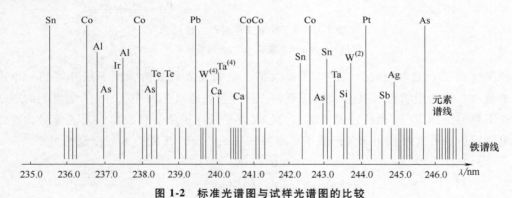

图 1-2 标准光谱图与试样光谱图的比较

做定性分析时，在试样光谱下面并列拍摄一组铁光谱（见图 1-3），将这种谱片置于光谱投影仪的谱片台上，在白色屏幕上得到放大的光谱影像。先将谱片上的铁光谱与标准光谱图上的铁光谱对准，然后检查试样中的元素谱线（见图 1-3）。若试样中元素谱线与标准图谱中标明的某一元素谱线出现的波长位置相同，即为该元素的谱线。

例如，将包括 Cu324.754nm 和 Cu327.396nm 谱线组的"元素光谱图"置于光谱投影仪的屏幕上，使"元素光谱图"的

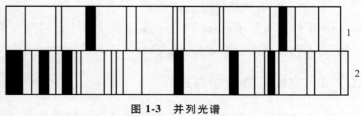

图 1-3 并列光谱

1—试样光谱 2—铁光谱

铁谱线与谱片放大影像的铁谱线完全重合。看试样光谱中在 Cu324. 754nm 和 Cu327. 396nm 位置处是否有光谱线出现。如果有光谱线出现，则表明试样中含铜；反之，则说明试样中不含铜或铜含量低于检出限。如果在试样光谱中有谱线的重叠现象，说明有干扰存在，这就需要根据仪器、光谱感光板的性能和试样的组分进行综合分析才能得出正确的结论。

对于少数指定元素的定性鉴定，采用标准样品光谱比较法较为方便。将欲检查元素的纯物质与分析样品并列摄谱，检查纯物质光谱和样品光谱，若两光谱在同一波长处出现谱线，则表明样品中存在欲检查元素。

1. 2. 3　光谱定量分析原理

在原子发射光谱的光源中，各种粒子通过数次碰撞和能量交换后可建立起局部的热力学平衡体系。光源中的原子（或离子）的激发属于热激发，基态原子数 N_0 与激发态原子数 N_m 之间符合玻尔兹曼分布，则被激发到 m 能级的原子数为

$$N_m = N_0 \frac{g_m}{g_0} e^{-\frac{E_m}{kT}} = K' N_0 e^{-\frac{E_m}{kT}} \tag{1-2}$$

式中　N_m——激发态原子数；

$\qquad N_0$——基态原子数；

$\qquad g_m$——激发态的统计权重；

$\qquad g_0$——基态的统计权重；

$\qquad E_m$——激发态的原子能量；

$\qquad k$——玻尔兹曼常数；

$\qquad T$——激发温度；

$\qquad K'$——统计常数。

式（1-2）表征了处于激发态和基态的原子数的关系：当大量原子达到热平衡状态时，高能级的激发态原子数总是少于低能级的原子数，激发态原子数远少于基态原子数；激发态原子数随激发能的升高呈指数衰减；某一能级的激发态原子数随着温度的升高而呈指数增加。

处于激发态能级 E_m 的原子寿命很短（约 10^{-8} s），当电子由激发态返回基态时发射频率为 ν 的光辐射，光的强度为

$$I = N_m h\nu = K' N_0 e^{-\frac{E_m}{kT}} h\nu$$

式中　$h\nu$——一个光子的能量。

又因为光源中被激发的某元素的原子数 N_0 与试样中该元素的含量 C 成正比，即

$$N_0 = \beta C$$

式中　β——与光源温度及元素性质有关的比例常数。

所以

$$I = K'' \beta C e^{-\frac{E_m}{kT}}$$

对于具体谱线及具体分析条件，E_m、k、T、K''、β 均为定值，故谱线强度与试样含量成正

比，即

$$I = aC$$

考虑到实际光谱光源中某些情况下会有一定程度的谱线自吸，使谱线强度有不同程度的降低，必须对上式加以修正，即

$$I = aC^b \tag{1-3}$$

式中　a——常数；

　　　b——自吸收系数。

式（1-3）称为 Lomakin-Scherbe 公式，是光谱定量分析的基本关系式。该式表明若以 $\lg I$ 对 $\lg C$ 作曲线，所得曲线在一定范围内为直线。这种定量分析方法称为绝对强度定量法。其中 b 是自吸收系数，自吸收效应是指辐射能被其自身的原子所吸收而使相应谱线发射强度减弱的效应。一般情况下 $b \le 1$，b 与光源特性样品中待测元素含量、元素性质及谱线性质等因素有关。

1.2.4　内标法光谱定量分析原理

绝对强度定量法要求每次测定时的试验条件完全一致，实际上这是很难做到的。Lomakin-Scherbe 公式中，常数 a 受多种因素的影响，特别是受光源温度影响较为严重，光源温度的波动将影响谱线强度与样品浓度的关系。所以，在实际光谱分析中，为了抵消由于分析条件波动引起的谱线强度波动，提高测定的准确度，通常采用内标法，即相对强度法。这种方法可以消除操作条件的变化。内标法是在待测元素的谱线中选一条谱线作为分析线，在基体元素的谱线中选一条与分析线匀称的谱线作为内标线，这两条谱线组成所谓的"分析线对"。分析线与内标线绝对强度的比值称为谱线的相对强度，内标法就是通过测量分析线对的相对强度来进行定量分析的方法。这样就可以使谱线因试验条件的变化而产生的影响得到补偿。内标法是光谱定量分析发展的一个重要成就。

设被测元素和内标元素的含量分别为 C 和 C_0，分析线和内标线强度分别为 I 和 I_0，分析线和内标线的自吸收系数分别为 b 和 b_0，根据式（1-3）有

$$I = a_1 C^b$$
$$I_0 = a_0 C_0^{b_0} \tag{1-4}$$

式中　a_1、a_0——常数。

分析线与内标线的强度比 R 为

$$R = \frac{I}{I_0} = AC^b \tag{1-5}$$

式（1-4）中在内标元素含量 C_0 和试验条件一定时，A 为常数。将式（1-5）取对数，得

$$\lg R = b \lg C + \lg A \tag{1-6}$$

式（1-6）是内标法光谱定量分析的基本关系式。

内标法是光谱定量分析发展的一个重要成就。采用内标法可以减少多种因素对谱线强度的影响，提高光谱定量分析准确度。在直读光谱的定量分析中，内标的使用和其他分析方法（如电感耦合等离子体原子发射光谱法）不同，内标元素不能加入，内标含量不能控制，大

多只能使用基体元素作为内标线，例如：

1) 钢铁分析选择基体元素 Fe273.0/271.4nm 作为内标线。

2) 铝及铝合金分析选择基体元素 Al256.7nm 作为内标线。

3) 铜及铜合金分析选择基体元素 Cu510.5nm 作为内标线。

4) 镁及镁合金分析选择基体元素 Mg291.5nm 作为内标线。

5) 钴基合金分析选择基体元素 Co259.0nm 作为内标线。

6) 锡基合金分析选择基体元素 Sn333.0nm 作为内标线。

7) 锌及锌合金分析选择基体元素 Zn418.0nm 作为内标线。

8) 铅基合金分析选择基体元素 Pb266.3nm 作为内标线。

9) 镍基合金分析选择基体元素 Ni218.5/243.7nm 作为内标线。

1.2.5　光谱定量分析方法

光谱定量分析中影响因素较多，目前还难以根据测得的谱线强度和其他试验参数来计算样品中元素的含量，因此光谱定量分析不是绝对分析，而是借助标准样品校正的相对分析。

1. 预制校准曲线法

预制校准曲线法是仪器出厂前由厂家预先用一系列标准样品（严格说来，应采用与待测样品有相同的冶炼历程和晶体结构的标准样品，但实际上这种匹配很难做到）制作持久校准曲线，每次分析时仅激发分析试样，从持久校准曲线上求含量。在实际分析过程中，只需要用标准化样品对校准曲线的漂移进行修正即可。由于标准样品与分析试样的光谱测量在同一条件下进行，避免了光源、检测器等一系列条件的变化给分析结果带来的系统误差，从而保证了分析的准确度。校准曲线又分为绝对强度-浓度校准曲线、相对强度-浓度校准曲线（内标法）、相对强度-相对浓度校准曲线。

标准样品用于绘制工作曲线，其化学性质和物理性质应与分析样品相近，应包括分析元素含量范围并保持适当的浓度梯度，分析元素的含量用准确可靠的方法定值。在标准样品系列不适当的情况下，分析结果会产生偏差，因此对标准样品的选择必须充分注意。在绘制工作曲线时，通常使用几个分析元素含量不同的标准样品作为一个系列，其组成和冶炼过程最好要和分析样品近似。

标准化样品（setting up sample，SUS）用于修正由于仪器随时间变化而引起的测量值对校准曲线的偏离。标准化样品必须均匀并能得到稳定的谱线强度比，个别的标准样品也可当作标准化样品使用。

激发一系列标准样品，绘制分析元素的发光强度（或强度比）与含量（或含量比）的

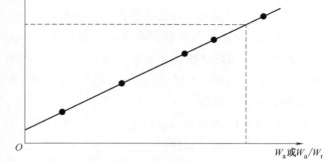

图 1-4　发光强度（或强度比）与含量（含量比）的关系曲线

I_a—分析元素的发光强度　I_r—内标元素的发光强度

W_a—分析元素的含量　W_r—内标元素的含量

关系曲线（见图1-4）作为校准曲线存储，随后分析待测样品，根据各元素的强度值计算出待测元素的含量。预先用标准试样法制作持久校准曲线，每次分析时仅激发分析试样，从持久曲线上求含量。

由于温度、湿度、氩气压力、振动等变化会使谱线产生位移，透镜污染、电极沾污、电源波动等均会使校准曲线发生平移或移动，因此，在实际分析过程中，每天（每班）必须用标准化样品对校准曲线的漂移进行修正，即所谓校准曲线标准化。

标准化有两点标准化和单点标准化两种。

用接近上限和下限的两个标准试样标准化称作两点标准化。选取两个含量分别在校准曲线上限和下限的标准样品，分别激发求出各元素相应的高低含量，两个强度比值 R_U 和 R_L 按式（1-7）和式（1-8）对原始校准曲线的偏离进行修正。两点标准化适用于含量范围较宽的样品，特别是当含量接近于检出限时。

$$R_U = \alpha R_U^0 + \beta \qquad (1-7)$$

$$R_L = \alpha R_L^0 + \beta \qquad (1-8)$$

两式相减，得

$$\alpha = \frac{R_U - R_L}{R_U^0 - R_L^0}$$

$$\beta = R_U - \alpha R_U^0 = R_L - \alpha R_L^0$$

式中　　R_U^0、R_L^0——原持久曲线上限和下限附近含量所对应的光强比值；

　　　　α、β——曲线的漂移系数，α 表示曲线斜率的变化，β 表示曲线的平移量。

用接近上限的一个标准试样标准化称作单点标准化，在激发时所测得的光强 R，其在原始曲线上所对应的原始基准为 R_0，则校正因子 f 为

$$f = \frac{R_0}{R}$$

运用这两种方法的原则有以下两点：

1）校正曲线的浓度范围。单点标准化适合较窄的浓度范围。标准化样品的数值为其中部或上半部，曲线下部的准确性不会太差，但对上部是有利的。两点标准化适合较宽的浓度范围，对低端特别是高端均是不错的。当浓度极低时，必须采用两点标准化。

2）标准化样品数目要依据标准样品的高低强度比来决定。单点标准化的优势在于使用一个标准样品。有时，因为适合整个浓度范围的标准样品不足或是标准化样品之间的强度相差甚微，因此运用单点标准化。两点标准化需要两个标准样品，两者之间强度比要有足够差别才能得到良好的结果。

单点标准化的低点补偿是恒定的，只修正高点，只改变曲线的斜率。两点标准化则使斜率和低点补偿两者都得到修正。

用于日常标准化标准样品的要求规定如下：

1）标准样品的成分必须是均匀的，也就是说，在样品不同深度激其所得结果是相近的。

2）对两点标准化低标和高标之间有一大间距，对单点或两点标准化的高标必须有较高

的含量，对不同材质的分析可使用同一低标。

3）标准样品在手头必须有一定的贮存量，每天要用，以免用尽。

4）标准样品可以不在建立的工作曲线上，也可以不知道元素的含量。

2. 控制样品法

在实际工作中，分析样品和标准样品的冶金过程和某些物理状态的差异常使校准曲线发生变化。通常标准样品多为锻造和轧制态，而分析样品为浇铸状态。为避免样品冶金状态变化给分析带来的影响，常用一个与分析样品的冶炼过程和物理状态相一致的控制样品来控制分析样品的分析结果。

一个控制样品在做持久曲线法的分析时和分析样品一起被火花光源激发，就可以检查持久曲线的位置有无移动，并能依靠这个控制样品确定工作曲线移动后的位置，然后用这样的工作曲线对未知样品进行分析。这种方法称为控制样品法。控制样品法和持久曲线法一样仅适用于棒状或块状的金属或合金的分析。

控制样品实际是一个标准样品，要求控制样品能满足以下条件：

1）控制样品中分析元素含量须位于工作曲线应用含量范围之内，并且与估计的分析样品中的元素含量越接近越好。

2）控制样品的物理及化学性质和状态等应与分析样品相同。

3）控制样品分析元素的含量应当很正确，成分分布均匀，外观无气孔、砂眼、裂纹，无物理缺陷。

控制样品修正方法可分为平移法（见图1-5）和倾斜法（见图1-6）。

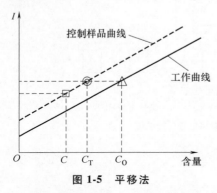

图1-5 平移法

C_O—标准试样分析值　C—未知试样的含量
C_T—标准试样的化学分析值

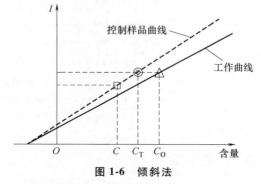

图1-6 倾斜法

C_O—标准试样分析值　C—未知试样的含量
C_T—标准试样的化学分析值

平移法修正公式为

$$\Delta C = C_T - C_O$$
$$C = C_{WC} + \Delta C$$

式中　ΔC——校准值；

C_{WC}——未知试样的分析值。

倾斜法修正公式为

$$KC = \frac{C_\text{T}}{C_\text{O}}$$

$$C = C_\text{WC}KC$$

式中　KC——控样系数。

　　另外，注意当元素质量分数小于 0.1% 时采用倾斜法修正，大于 1% 时采用平移法修正。在正常情况下，曲线标准化后采用比例修正的比例系数应接近 1，采用平移修正的偏移量也应比较小。如果出现其偏差较大时，首先要检查选择的测定曲线是否正确，其次要检查标准化是否做好，最后要检查样品激发后是否存在黑点。

1.3　仪器结构

　　光电直读光谱仪的结构由光源系统、光学系统、检测系统、数字信号处理系统四部分组成。除此之外，其配套系统由氩气系统、真空系统（非真空光谱仪没有）、恒温系统组成，其结构示意如图 1-7 所示。

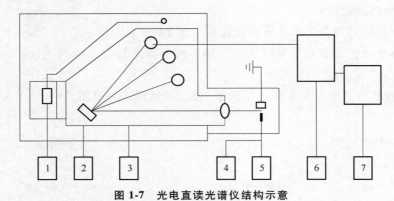

图 1-7　光电直读光谱仪结构示意

1—恒温系统　2—光学系统　3——真空系统　4—氩气系统

5—光源系统　6—检测系统　7—数字信号处理系统

1.3.1　光源系统

　　光源系统又称为"激发系统"，为样品中被测元素原子化和原子激发发光提供所需要的能量，也就是为试样蒸发、离解、原子化、激发等提供能量。光电直读光谱仪的光源系统利用电火花激发放电，使金属固态样品蒸发和离解并充分原子化，原子被激发后产生各元素的特征光谱。

　　光源系统的基本要求如下。

　　1）灵敏度要高：即要求检测能力强，能够进行微量和痕量元素分析。

　　2）稳定性好：即在激发过程中光源应具有良好的稳定性和再现性，这是进行光谱定量分析和保证分析准确度的基本要求。这里要求光源的电稳定性及发光过程中光的稳定性都要良好。

3）蒸发性能要好：因为样品的组成不同，各组分的蒸发温度也不相同，这就要求光源能提供不同的蒸发温度，且蒸发温度应稳定可重复。

4）光谱背景小：光谱背景一般是分子带光谱或高温热辐射的连续光谱。背景对光谱定性和定量分析都是有干扰的，因此要求光源不产生或仅产生弱的光谱背景，或者采取其他措施加以消除。

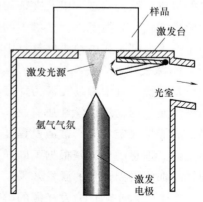

图 1-8　样品激发示意图

激发光源的结构还要满足简单、易操作且使用安全等要求，原子发射光谱分析的误差主要来源是光源，因此选择光源应尽量满足以下要求：灵敏度高、检出限低、稳定性好、信噪比大、分析速度快、自吸收效应小、校准曲线的线性范围宽等。光电直读光谱仪的光源系统由激发光源、激发电极和激发台组成。图 1-8 所示为样品激发示意图。

光电直读光谱仪的光源系统是电光源。电光源都有两个电极，当电极间有电流通过时电极间就形成一个光源。待分析样品就置于电极间，样品被激发而发射光谱，两电极间因气体放电所产生的电流称为气体放电电流。气体放电电流是导致样品元素发光的直接原因，其主要特征是利用高压给电容充电，再借助电容放电，使电极间隙气体电离而击穿引起火花放电，这种光源具有很高的激发温度，最高可达到 17000K。火花温度分布如图 1-9 所示。

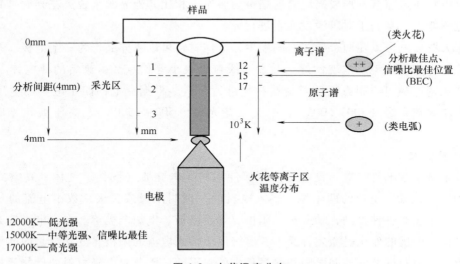

图 1-9　火花温度分布

在光电直读光谱仪的样品分析中，在火花光源的作用下物质由固态到气态是一个非常复杂的过程，这个过程表现在试样中各元素的谱线强度并不在试样一经激发后立刻达到一个稳定不变的强度，而是必须经过一段时间后才能趋于稳定。这是由于在放电时试样表面各成分进入分析间隙的程度随着放电时间的延长而发生变化。因此，在光谱定量分析时，必须等待

11

分析元素的谱线强度达到稳定后才开始曝光，这样才能保证分析结果的准确度。从光源引燃到开始曝光这段时间称为预燃时间。不同的试样在不同光源下的预燃时间是不一样的，这主要取决于试样在火花放电时的蒸发程度，它不仅与光源的能量、放电气氛密切有关，还与试样的组成、结构状态，以及夹杂物的种类、大小等密切相关。目前光电直读光谱仪所用的激发能量方式是高纯氩气，气氛中的电火化激发类型光源属于火花放电形式，这些光源激发所产生的光谱都是在高纯氩气气氛中产生的。

1. 激发光源

在光源系统中激发光源为样品激发提供所需能量。样品中被测元素的原子蒸发离解除了与被测元素的物理化学性质有关，还与光源系统的放电特性（激发能量方式）有关。光源提供的能量决定着原子被激发程度的好坏，当然也决定了检出限、精密度、准确度等几个重要指标。理想的光源是根据不同样品的激发特点提供相应的激发能量，在同一台仪器上使不同样品都能得到最佳的激发效果。

原子发射光谱仪激发光源的类型有：电弧、电火花、激光光源、辉光光源和电感耦合等离子体（inductively coupled plasma，ICP）焰炬等，其中电弧和电火花是火花直读光谱仪最常用的光源。电弧的电极温度高、蒸发能力强、分析的绝对灵敏度较高，所以早期用于定性分析及矿石难熔物中低含量组分的定量测定，但是弧焰不稳定性和容易发生谱线自吸现象使其分析精密度较差。

火花光源（亦称火花或电花）则是通过电容放电的方式在两个导电的电极之间产生电火花，火花在电极间击穿时在电极之间产生放电通道，呈现高密度电流和高温电极被强烈灼烧，使电极物质迅速蒸发形成高温喷射焰炬而激发。相比其他光源来说火花光源具有更强的激发和电离能力，有利于对难激发元素进行分析。

由于火花放电可以在两个导体之间发生，导体材料可以将样品作为一个电极，并且火花激发光源具有放电稳定、重现性好、激发谱线自吸收小等优点。由难熔的导电体（如钨和石墨）作为对电极可以很方便地对金属材料进行分析。根据充电回路中电容器电压的高低可分为低压火花光源（300～500V）、中压火花光源（500～1500V）、高压火花光源（10～20kV）。

2. 激发电极

电极是电子或电气装置、设备的一种部件用作导电介质（固体、气体、真空或电解质溶液）中输入或导出电流的两个端。输入电流的一极叫阳极或正极，放出电流的一极叫阴极或负极。电极有各种类型，如阴极、阳极、焊接电极、电炉电极等。在光电直读光谱仪的光源系统中，电极的作用是激发样品。其电极属于输入电流的阳极，其功能是向激发区传输电流、传递压力及调节和控制电阻加热过程中的热平衡。因此对电极材料的性能要求：首先要有足够的高温硬度与强度，再结晶温度高；其次要有高的抗氧化能力，并在常温和高温下都有合适的导电及导热性；最后要有良好的加工性能。常用的激发电极采用碳、铜、铝、钨、银等材料制作。电极材料选择的原则是要有较好的分析精密度，被分析的元素不应在激发电极材料中，并且电侵蚀要小，同时具有连续多次使用等功能，激发电极的选择根据分析方法或分析对象的不同而不同。目前在光电直读光谱仪中使用单向放电激发光源；在放电时为了防止激发电极被侵蚀，大多数仪器都采用钨棒做激发电极。采用钨做激发电极的特点是：激发部位不容易长尖可连续使用数百次；另外还具有蒸汽压力低、电阻小、导电性好、热膨胀小、弹性模量高等特点。但是也有个别仪器采用银做激发电极。

3. 激发台

激发台是提供样品激发所需要的平台及条件，功能是能承载样品。在氩气氛围中保证样品激发，使样品激发产生的光谱线能量不损失。激发台内部是否清洁和电极极距是否稳定也会影响激发效果，如果激发台内部很脏，就会影响电极极距，最终影响测定结果。因此，经常清扫激发台是仪器维护保养的日常工作。最后，还要关注激发台内部的连接头的密封性能以及氩气气路。如果密封不好或者氩气气路设计有缺陷都会发生漏气，也将影响电极激发。理想的激发台应具有能够适合各种不同大小形状的样品分析、氩气消耗量小、冷却效果好、故障率低、容易清理、日常维护保养方便等优点。

1.3.2 光学系统

光电直读光谱仪的光学系统也叫色散系统，它是光谱仪的核心，其作用是对光源系统产生的各元素的发射光谱（不同波长的复合光）进行处理（整理、分离、筛选、捕捉）。复合光经过光栅分离后，将各元素的特征光谱按照波长大小进行排列。光学系统的元件有狭缝、透镜、棱镜、光栅、罗兰圆，其中在光谱仪中起分光作用的光学元件即色散元件（dispersion element）为棱镜和光栅两类，如图1-10所示。

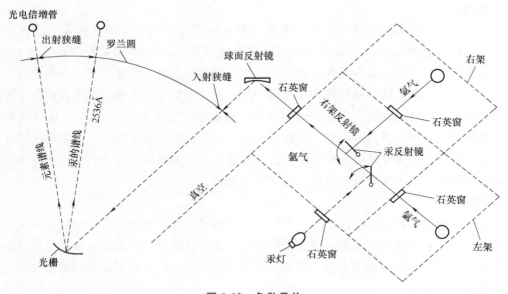

图 1-10 色散元件

1. 狭缝

狭缝有两个：一个是入射狭缝（entrance slit）；另外一个是出射狭缝（exit slit）。

入射狭缝是光学系统的一部分，与光谱仪的分辨率及照度有一定的关系。从照度考虑，对于入射狭缝来说狭缝宽度增加则照度增加，但狭缝宽度增加到超过谱线本身的宽度后其照度不再增加，只是谱线的成像变宽而已，但背景强度不受限制，入射狭缝加宽背景强度继续增加。因此，入射狭缝不能太宽，否则会使谱线强度与背景强度比变小，影响分析结果。在火花直读光谱仪中入射狭缝宽度是固定的，一般为 $20\mu m$。

出射狭缝是火花直读光谱仪中分光系统与信号接收系统之间相衔接的装置。光谱仪的谱线接收器由出射狭缝和光电倍增管组成，出射狭缝在仪器中起着重要作用，每一个光道有一个出射狭缝。因此，多道光电直读光谱仪装有很多出射狭缝，一般有数十个。出射狭缝由两个平行的刀口组成，其间的宽度是固定的，其形状多数是直线形的。

出射狭缝和谱线的相对位置对分析结果是很重要的。为了保证分析结果准确，要求谱线中心与出射狭缝的中心位置重合。实际上，谱线中心位置和出射狭缝的相对位置易受大气压力变化、气温变化及仪器振动的影响而产生偏离。为了降低或避免这种偏离，多数光电直读光谱仪采用较宽的出射狭缝，让出射狭缝稍宽于谱线的宽度，出射狭缝宽些的话，即使谱线偏离仍能保持余量。但不能认为出射狭缝越宽越好，如果太宽则邻近的谱线会进入出射狭缝而引起干扰，且会降低谱线强度背景比，影响分析结果。如果将光电直读光谱仪装在恒温实验室或仪器本身备有局部恒温装置，理论上各分析用的谱线应能保证对正其出射狭缝，但实际上仍有偏离。因此，仪器上都有专设的调整机构，采取移动出射狭缝、移动入射狭缝或转动光栅的方法使出射狭缝的几何中心位置对正谱线中心位置的极大强度峰值位置。有的光电直读光谱仪设置温度补偿机构、气温变化时能自动重新调整谱线和出射狭缝的相对位置，可在较宽的温度变化范围（如±5℃）内工作。

2. 透镜

透镜的作用是将来自激发台的光谱聚集直射入射狭缝。同时可以隔离真空室和激发台（非真空部分）。根据分析样品不同及分析元素含量下限不同，透镜配置会有一定的差异。不同仪器在解决碳、氮、硫等元素方面的策略都不同。如赛默飞世尔（Thermofisher）公司，用户要分析钢铁中超低碳、超低氮或高纯铜产品的氧，则配置的透镜必须是表面含有镀膜的透镜，同时采用高真空系统。透镜的表面镀有一层称为"增透膜"的薄膜，其材料为氟化镁。增透膜的主要作用是减少折射、增加透明度。氟化镁并不溶于乙醇，但是氟化镁容易吸潮而变形。入射窗口镜片的清扫或更换频次可依据实际使用环境、日常的激发台维护保养情况、样品材料的种类、日均分析样品的数量等来确定。

3. 棱镜

棱镜是一种由两两相交但彼此均不平行的平面围成的透明物体，其作用是分光或使光束发生色散，一般采用玻璃或水晶等透明材料制作。但是棱镜的工作光谱区常常受到材料折射率的限制，在小于 $120nm$ 的真空紫外区和大于 $50\mu m$ 的远红外区是不能采用该器件的。

4. 光栅

光栅也称为"衍射光栅（diffraction grating）"。它是利用多缝衍射原理使光发生色散（分解为光谱）的光学元件。它是在一块平面（或凹面）玻璃或其他材料上喷薄铝层后刻有大量相互平行、等宽、等距（凹面按弦长等距）的刻痕而制成（相邻刻痕间距离约与光的波长数量级相同）。平行单色光通过光栅每条缝的衍射、各缝间的干涉形成很宽的暗条纹、很窄的明条纹，其窄而明亮的条纹称作谱线。谱线的位置随波长而异，当复色光通过光栅后，不同波长的谱线在不同的位置出现而形成光谱。平面结构的光栅称为平面光栅（plane grating），凹面结构的光栅称为凹面光栅（concave grating）。在薄的平面玻璃片上刻制相互平行、等宽、等距的刻痕亦可制成透射式的光栅。光栅的刻线很多，一般每毫米可达几十至几千条，这样的光栅可以是透射光栅或反射光栅。

分光元件的作用是把不同波长的辐射能（复合光）进行色散而变成单色发光，有光栅和棱镜两类。与棱镜比较，光栅由于具有色散率大、分辨率高、工作光谱范围大（反射式光栅不受材料透过率的影响）等优点，其使用更加普遍。

5. 罗兰圆

1880 年年初，物理学家罗兰（Henry A. Rowland）发现了罗兰圆。若将光源和凹面光栅放置在直径等于凹面光栅曲率半径的圆周上，且该圆与光栅中点相切，则由凹面光栅形成的光谱呈现在这个圆周上。它是一个经典的分光结构，能将入射狭缝、光栅、出射狭缝同时聚焦在罗兰圆上，与衍射光栅组合在一起形成罗兰光栅系统。它是光栅的辅助器件，因为是罗兰最先发现的，因此该圆称为罗兰圆（见图 1-11）。

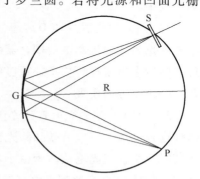

图 1-11　罗兰圆示意图

G—光栅中点　S—入射狭缝
P—出射狭缝　R—罗兰圆直径

1.3.3　检测系统

检测系统就是通过电子读出系统的积分板和数模转换板将谱线的光强信号转化为计算机能够识别的数字电信号，从而测量各元素的特征谱线强度值。它是光谱仪的大脑，控制整个仪器正常运作。目前光电直读光谱仪所用检测器有光电倍增管、固体检测器或者两者联合使用。

1. 光电倍增管

光电倍增管是由光电管发展而来的，光电倍增管的基本工作原理是光电效应，即在电场作用下，当光电阴极受光照后释放出光电子轰击发射极引起电子的二次发射，激发出更多的电子，然后飞向下一个倍增电极。如此，电子数不断倍增，阳极最后收集到的电子可增加 $10^4 \sim 10^8$ 倍，使光电倍增管的灵敏度提高以检测微弱光信号，其发射极的二次放大系数与其加上的电压成正比。通道型光电直读光谱仪以光电倍增管作为检测器。光电倍增管具有电流放大倍数高、噪声小、极限灵敏度高、线性范围宽、工作频率范围宽、稳定性好、坚固耐用和使用寿命长等优点。在光电直读光谱仪中，光电倍增管用于通道型、通道+全谱型仪器检测系统中。

2. 固体检测器

固体检测器用于全谱型光电直读光谱仪的检测器，其元件类型有电荷耦合器件和电荷注入器件（charge injection device，CID）两种，常用的是电荷耦合器件。

电荷耦合器件是由美国贝尔实验室的 W. S. 博伊尔和 G. E. 史密斯于 1969 年发明的。它由一系列紧密配列的 MOS 电容器组成。因其在很小的面积上集中了很多的检测单元，所以它能实现全谱记录而无任何遗漏。它不需要过多的配置，这也是它相对光电倍增管的一个优势。电荷耦合器件具有灵敏度高、暗电流小、动态范围宽、几何尺寸稳定、可以同时多道采样等特点，现已成功应用于各种光学仪器。固体检测器（CCD）的光谱仪尺寸小、质量轻，也不需要加高压电，可作为全谱型光电直读光谱仪的检测器。

3. 光电倍增管和固体检测器（CCD）的比较

1）光电倍增管具有电流放大倍数高、噪声小、极限灵敏度高、线性范围宽、工作频率范围宽、稳定性好、坚固耐用和使用寿命长等优点，可以直接测量波长低于170nm的光信号。对弱信号的灵敏度非常高、响应速度非常快，不需要像固体检测器（CCD）一样经过较长时间的积分运算。在光电直读光谱仪中，光电倍增管用于通道型、通道+全谱型仪器检测系统中。

2）固体检测器（CCD）通常由几千个甚至更多个微小的光敏面（像素）构成，每个像素宽度仅为几微米。电荷耦合器件具有灵敏度高、暗电流小、动态范围宽、几何尺寸稳定、可以同时多道采样等特点，现已成功应用于各种光学仪器。在光电直读光谱仪中开始朝小型化、全谱型方向发展。

3）CCD全谱型光电直读光谱仪能够获得全波段范围内的光谱，满足多基体分析要求，谱线选择灵活，可以有效扣除光谱干扰，分析更准确。例如，铁基 Cr（0.01%~40%）有 10 条谱线可用，但光电倍增管由于空间的限制最多只有 3 条谱线可用，若要增加通道，则费用很高，但对 CCD 全谱型光电直读光谱仪而言，只需改写软件并适当的校正即可，改变基体也只需有标准样品作校正曲线即可。

4）温度变化对光路影响虽然只有几微米，但对光电倍增管分析通道而言影响已经很大了，因为出口狭缝本身只有 25~50um；但对电荷耦合器件而言，谱线的位置已被确定，计算机软件在每次放电激发时允许对位置进行固定的校正和调整，因此，它不需要考虑仪器的热稳定性。

5）使用光电倍增管时必须有 1000V 的高压电源，所以不可能采用电池供电。而电荷耦合器件采用低压电源供电，无须高压电源，减少了仪器供电之初的稳定时间。

1.3.4　数字信号处理系统

数字信号处理（digital signal processing，DSP）系统的基本概念、基本分析方法已经渗透到了信息与通信工程、电路与系统、集成电路工程、生物医学工程、物理电子学、导航、制导与控制、电磁场与微波技术、水声工程、电气工程、动力工程、航空工程、环境工程等领域。光电直读光谱仪的数据处理系统由信号读出系统及数据处理系统（计算机）组成，其目的是将采集到的数字信号转化成每个元素的含量。信号读出系统又叫积分系统，主要技术有单脉冲火花时间分辨读出技术和火花累计读出技术。采用的方法有内标法、通过标准物质绘制曲线、通过数据处理终端（PDA）技术筛选数据、通过软件通道的测量数据进行背景及第三元素干扰的去干扰运算、通过控制样品找回仪器的漂移量。信号读出系统的作用是将光信号转化成光强数值。计算机数据处理系统的作用是将每个元素的某条特征光谱线的强度转化成该元素的含量。

1.3.5　配套系统

目前大部分光电直读光谱仪的配套系统有两个：一个是用于提供光源激发气氛的氩气系统，所用介质是氩气；另外一个是用于测定紫外区元素的真空系统，所用设备是真空泵。但是也有个别仪器配套系统只有氩气系统，该系统同时具备上述两个功能。

1. 氩气系统

在光电直读光谱仪中，氩气为工作气体，原因有以下五方面：

1）氩气的电离电位较低，作为工作气体可降低分析间隙的击穿电压。这是因为氩气和空气分析间隙的击穿电压不一样，在1个大气压下的均匀电场中，空气气氛中的分析间隙击穿电压为3000V/mm，氩气气氛中为1000V/mm。氩气的击穿电压明显低于空气。由于分析间隙的击穿电压越低就越容易放电激发，因此击穿电压越低越有利于获得较稳定的特征光谱强度。

2）氩气是原子状态的气体，而空气（氮气、氧气）是分子状态。它们经激发后，氩原子所产生的激发光谱（800nm）比空气（氮气、氧气）的激发光谱（分子光谱带）要简单，其连续背景要低很多。

3）氩气作为保护气在激发过程中不会与样品金属蒸气形成其他化合物，可防止分析样品和电极被空气氧化、氮化。氩气是惰性气体，在高温下不和任何金属发生反应，它的使用可有效地杜绝金属的氧化和氮化。

4）氩气可以传输真空紫外光谱（200nm以下），可杜绝紫外区的特征光谱被吸收。吹氩的主要作用是在试样激发时赶走火花室内的空气，减小空气对紫外区谱线的吸收，尤其是在远紫外区，空气中的氧气、水蒸气具有强烈的吸收带，对分析结果造成很大的影响，并且不利于激发稳定形成或在加强扩散放电激发时产生白点。另外，高温下样品中的合金元素可能会与空气中的成分发生化学反应而生成化合物，从而产生分析光，对实际所需的原子光谱造成干扰。

5）当样品被激发时，氩气可带走热量和粉尘，并消除记忆效应，净化分析环境。气体具有流动性，不但可以带走多余的热量，还可以带走大量的粉尘。当温度较高时，样品或电极发生膨胀现象会导致分析间隙发生变化。粉尘的存在则会使分析过程具有记忆效应或者影响光谱光路，不管是哪种情况都会影响分析结果的准确度。

氩气系统是由氩气控制电路、电磁阀、气流控制阀等组成。根据激发过程的需要，气体流量的分配由程序设定，各阀在出厂时已由制造厂设定，用户不需要单独调整，只需提供0.3MPa的气源即可。氩气通过一条通道从聚光镜前面下方进入火花室，这样既能比较彻底地冲净光线通过处空间的空气，又可以阻止激发时产生的粉尘对聚光镜的污染。氩气系统各单元氩气流量分配如下：

1）待机状态：0.5L/min。此时电磁阀关闭，氩气经过固定气流控制阀保持其流量为恒定值。在常规分析状态下，静态氩气流量为零。

2）大流量冲洗：5~6L/min。此时电磁阀全开，目的是冲净更换样品时带进的空气。

3）激发状态：3~5L/min。中间电路电磁阀关闭，另一路与常流量合并以维持正常激发。当激发停止时两阀关闭，系统再次进入待机状态。

光电直读光谱仪所用氩气的纯度必须满足 GB/T 4842—2017《氩》中的高纯氩等级，即氩气纯度（体积分数）必须≥99.999%。另外，仪器对氩气中的杂质含量也有一定的要求，如果氩气纯度不够或者杂质过高也可以采用氩气净化机去除杂质以满足分析要求。氩气的压力和流量对分析质量有一定影响，它决定氩气对放电表面的冲击能力，这种能力必须适当。若氩气流量过低，则不足以将试样激发过程中产生的氧气及形成的氧化物冲掉，其氧化物凝集在电极表面，从而抑制试样的继续激发；若氩气流量过高，则会造成不必要的浪费，也会对光谱仪造成一定的冲击损伤，因此氩气压力和流量必须适当。实践证明，氩气的压力和流量应根据不同材质进行调节，对于中低合金钢的分析，输入光谱仪的氩气压力应达到 0.5～1.5MPa，动态氩气的流量为 12～20L/min，静态氩气的流量为 3～5L/min。因此，必须要求氩气的纯度达到 99.999%以上。

2. 真空系统

光电直读光谱仪的真空系统主要由真空泵、电磁真空挡板阀、波纹管、真空控制板、真空高压控制板、手动（自动）控制板、真空规管和光学室等组成。真空泵是用于将一个封闭容器抽成真空状态的一种机器。光电直读光谱仪的真空泵有液压泵型真空泵和分子型钾膜泵两种，它们都是光电直读光仪的重要附属设备。液压泵型真空泵用于常规元素分析，而分子型钾膜泵用于超低碳和超低氮元素分析。在通电和断电的瞬间，电磁真空挡板阀能迅速打开和关闭，主要用于接通和关闭光学室与抽真空管路的电磁阀。真空控制板是对光学室真空度、真空泵及光电倍增管负高压等参数进行控制和检测的电路板，由检测箱为其提供+12V、−12V、+5V 的工作电压，同时与 CPU 进行通信并将测量参数传到计算机，在屏幕上显示出真空系统的工作状态。真空高压控制板和真空控制板、光学室保护开关联动，控制负高压是否加载的电路板位于高压箱内，由高压电源板提供 21V 电源，电压受光学室盖板开关和真空控制板控制，只有光学室盖板盖好且真空度低于 0.7Pa（可根据实际情况自行设定）时，真空高压控制板上才有负高压，否则无负高压。是否加载负高压可通过真空控制板上的指示灯来判断。手动（自动）控制板调节器是可设定自动和手动两种方式的部件。当选择手动挡时，按下开始抽气开关则真空泵开始工作（只要总电源不关闭，真空泵就一直工作），按下停止抽气开关则真空泵停止工作。当按下自动挡时，则不需要人为控制，只要检测系统打开，真空系统就会自行运转。其前面板上有 5 个指示灯指示真空系统的工作状态。当自动挡运行真空系统出现故障时，可以打开仪器的右边壳，将自动（手动）控制板开关转至手动方式，接着再将抽气/停止开关转至抽气状态即可工作。真空规管是一种将压力信号转变为电信号的压力传感器。

1.4 仪器维护保养

精密仪器的维护和保养不仅能使仪器始终保持良好的运行状态，使检测结果科学、准确、可靠、及时，还能够延长仪器的使用寿命并节省大量的人力和物力资源。光电直读光谱仪的日常维护主要有激发台、透镜、狭缝的清洗及真空系统、废气系统的维护，维护保养完毕后还需要对仪器进行校正。

1.4.1 激发台

激发台内部是否清洁、电极极距是否稳定、激发台发光弧焰相对于光学系统的高度等均会影响数据结果。激发台系统需要氩气（纯度为 99.999%）冲洗，高质量的氩气及气路的密封水平对样品的测定结果至关重要。为了保证分析结果的准确度，可安装相应的净化装置。

激发台是光谱仪产生发射光谱的位置，样品激发后在激发台内产生的黑色沉积物可导致电极与激发台之间短路，所以激发台应定期清理。清理激发台前先关闭光源，然后取下激发台前的电极定位螺杆，卸下激发台板，小心取出火花室内的圆石英垫片和玻璃套管，再用吸尘器清理火花室的黑色沉积物。如果圆石英垫片上的污迹无法除去，可用体积比 1∶1 的盐酸溶液浸泡去除。在拆卸激发台板时注意要小心取下，否则钨电极（脆性较大）容易被撞断。激发台内部清理完成后，安装激发台板时要用中心距定好中心位置，再旋紧固定螺栓，然后用电极定位螺杆调整好电极距，再将玻璃套管套在电极上。另外，注意密封圈一定要安装好，否则容易漏气；同时电极位置要正确，否则会影响入射光强。激发台清理后一般都要做标准化以校正并进行电极标准化。在激发过程中，每激发一个试样前须用软纸擦净激发台再用电极刷擦净电极。

1.4.2 电极

用金属电极刷对电极进行旋转清理，使电极表面没有灰尘残留。当使用频繁导致电极尖变钝时，需要及时更换电极头。电极头可利用砂纸或专业工具进行处理，按要求处理成 30°～120° 锥角。安装电极时应根据不同仪器使用不同的安装工具，注意用极距规调整好电极的位置和高度。

1.4.3 透镜与狭缝

在样品激发过程中会产生大量的金属粉尘或气体。对于通向各室的透镜，特别是通向空气室的透镜，由于试样激发时吹氩，这些粉尘或气体绝大部分会随着氩气进入过滤系统，特别是蒸气会通过气路到达透镜处，并由于透镜的高温而紧密吸附在透镜表面并形成黄色附着层，从而阻止了光线的透过，影响测定结果的准确性。为了获得较好的分析结果，避免透镜的透光率下降，在激发过程中就必须保证环境清洁，特别是透镜的清洁度。因此透镜需要定期清洗，一般每季度清洗一次。如果光强降低严重时应该马上清洗，使其保持清洁，保证所有光线通过透镜进入光室进行测定。透镜具体清洗方法：用脱脂棉蘸上无水乙醇轻轻擦拭透镜。如果透镜有附着物，则用丙酮或无水乙醇浸泡 15min 后再擦拭。最后用洗耳球吹干，注意不要划伤透镜造成透光率降低。清洗透镜后要多激发几个废样，等强度稳定后再进行标准化操作，否则将对分析结果造成影响。

光谱仪采用了一个复杂而又敏感的光学系统。光谱仪的环境温度、湿度、机械振动及大气压的变化都会使谱线产生微小的变化，从而造成谱线的偏移。气压和湿度变化会改变介质的折射率，从而使谱线发生偏移。湿度的提高不仅会使空气的折射率增大，而且会对光学零件产生腐蚀作用，降低仪器透光率，湿度一般应控制在60%以下。温度对光栅的影响主要是改变光栅常数，使色散率发生变化并产生谱线漂移。这些变化会使光谱线不能完全对准相应的出射狭缝，从而影响分析结果。

（1）描迹 光路结构稳定，机械变形小。校正到位可通过恒温和狭缝扫描来控制。仪器描迹的作用是调整光路中的入射狭缝位置，将光谱进入量调至最大，消除环境中温度、振动等因素对仪器光路可能引起的谱线漂移并保证谱线和出射狭缝稳定重合。一般来说，为了保证分析结果的稳定性，分析人员应该定期用描迹的方法调整入射狭缝并将其调整到较理想的位置，其周期是3个月一次。描迹的方法是转动入射狭缝的手轮，描迹一条谱线并找出其峰值的位置。然后将手轮转到该峰值的位置，使各个分析元素谱线对准各自的出射狭缝。直读光谱分析中的描迹主要是确定入射狭缝的位置。根据生产厂家的规定，一般把铁或汞的谱线当作描迹谱线。描迹的过程也可用计算机完成。目前仪器有手动扫描和自动描迹两种模式。手动扫描的具体方法：从原始位置旋转毂轮，左转200格，右转200格，每30~50格激发一次测定光强值。要求激发的样品为基体的高含量，如铁基就用纯铁做激发样品进行描迹。自动描迹可大大缩短校准仪器所用的时间，使仪器校准变得简单，方便非专业人员进行描迹操作。通道型光谱仪的光路校正最好每月描迹一次。全谱型光谱仪不需要描迹，因为全谱型光谱仪能够接受全谱的谱图，这样就可以从软件上校正环境因素对光路的影响，保证光路的完全固定。

（2）定期清理 光在光室中传输的过程中，要求真空紫外区光谱线的损耗小，可通过气循环或抽真空的方式解决，对真空泵等器件的维护成为重点。此外，对透镜的定期擦拭也成了保证光信号传输稳定的重要操作，这是因为透镜内表面接触真空常常受到真空泵油蒸气的污染，外表面受到分析时产生的金属蒸气附着物的影响使透光率明显降低。对于波长≤200nm的碳、硫、磷谱线，透光率降低会导致工作曲线的斜率大大降低，所以聚光镜要进行定期清理。出射狭缝的位置变化受温度的影响最大，因此保持分光室内的恒温很重要，这样才能保证出射狭缝不偏离。目前光学室温度一般控制在35~40℃，分析人员按照要求操作即可。

描迹检查和透镜清洗完毕后都会对仪器产生一定的影响，因此，这些工作做完后必须对工作曲线进行标准化。在透镜清洗后，应等待3min再进行曲线标准化，因为在清洗火花室和管道期间，空气已充满了这些部位，如果先选择描迹检查，描迹检查完毕后就可以直接进行曲线标准化，因为在描迹检查时管道和火花室已被分析时所需的气流冲洗干净。

虽然光电直读光谱仪不受感光板限制，但工作曲线绘制完成后，工作曲线经过一段时间也会变动。例如，透镜的污染、电极的玷污、温湿度的变化、氩气的影响、电源的波动等均能使工作曲线发生变化，为此必须对工作曲线进行标准化。在进行工作曲线标准化时，首先必须注意在清洗样品激发台后先用废样激发10次以上，或用氩气冲洗几分钟后才能做日常标准化工作；其次，标准化的样品表面要平整、纹路清晰、分析间隙固定、样品架清洁；最后根据分析样品的数量确定标准化频率。如果分析样品数量大，一天必须标准化一次；如果分析样品数量少可一周一次。

1.4.4　真空系统

真空泵的定期维护保养主要有两项：开机抽真空、更换泵油。当首次抽真空或者长时间停机后再开机时，要观察其光室的真空度是否达到要求，注意此时不要急于打开高压开关。其操作程序为：首先打开总电源，再打开检测开关（绝对不能打开高压开关），此时真空泵就会开始抽真空。注意观察分析窗口下的状态栏，当真空电压达到 0.7V 时，打开高压开关、光源开关进行分析前的准备工作。在抽真空的过程中光室内的空气越来越稀薄。当达到一定的条件时，若有高压就会发生辉光放电，从而损坏光学器件并造成不可估量的损失。更换泵油也是维护保养不可缺少的工作。因此，分析人员每个月需要检查泵油消耗和泵油颜色变化情况。若泵油水平位下降则需要补充泵油；若泵油变成黑色则需要更换泵油。注意：在更换泵油时首先要关掉真空泵，5min 后打开光谱仪光室进气阀，将其压力恢复到大气压力。然后再放掉旧油，用新泵油将油室清洗数遍，最后再将泵油注入指定刻度线即可。泵油更换完毕后可将光室的进气阀关闭，5min 后真空泵开始工作，随时观察真空度的变化情况。若真空度不上升并且负高压又无法建立，说明真空系统有漏气现象。在真空系统管路上采用涂抹肥皂水的方式依次检查其各个接头并查出漏点，根据漏点采取相应解决措施。待真空度达到设定要求后才能进行曲线标准化处理。

在光电直读光谱仪的制造技术上，真空模式光谱仪比非真空模式光谱仪的要求高。首先，在真空状态下光室的各元器件不变形且位置不发生移动；其次，要避免真空室油蒸气污染光室内部的各元器件并影响透光率；最后，真空泵振动对光室有影响，需要采取防振措施使整个分光仪的光路不受振动的影响。真空室内与外部非真空区域接触的运动零件（如描迹缝、石英窗、透镜等）要尽量减少，并需要密封材料，防止抽真空时发生漏气现象从而影响真空度。当然，光室的真空度过高也会导致光电倍增管的管帽间产生辉光放电从而发生烧毁仪器部件的现象。因此将光室的真空度调整到合理的范围是必要的。试验证明，真空度小于 8Pa 可满足波长 160nm 以上的光谱测定。为了避免真空泵的连续工作导致寿命降低，我国部分真空泵厂家使用间歇开关技术，在保证光室真空度的情况下，根据需要开关电源，既省电又延长了真空泵的使用寿命。另外，真空泵具有特殊的防反油技术，可以防止油气污染，保证光室的纯净。

1.4.5　废气处理

氩气为惰性气体，对人体无直接危害。但是在激发样品后，激发台产生的粉尘被氩气吹走导致尾气管变黑，长时间使用后需要清理以保证气路的畅通与清洁。激发后产生的废气主要成分是氩气、金属粉尘，操作人员长期直接吸入后会造成矽肺、眼部损坏等后果，对人体带来极大的危害。氩气虽然是惰性气体且无毒，但同时也是窒息性气体，大量吸入会产生窒息。当空气中氩气浓度高于 33% 时有窒息危险；当氩气浓度超过 50% 时会出现严重症状；当氩气浓度达到 75% 以上时，在数分钟内会导致人员死亡。液氩会造成皮肤损伤，眼部接触可引起炎症。在工业生产中，从事与氩气有关的技术人员和工人每年须定期进行职业病体检确保身体健康。光电直读光谱仪的尾气管可采用透明塑料管，在安装时将它插入水中即可，如果管壁变黑且不透明，则需要更换尾气管。

1.4.6 其他维护

光电直读光谱仪的故障排除应当是建立在对仪器原理和各模块结构及功能充分了解的基础上。首先应当尽量了解各模块功能及各模块内部部件的功能，然后按照以下三条线索将仪器硬件联系起来掌握。

（1）信号线路 从激发台样品发光开始到计算机软件中显示出各元素含量为止，了解样品发光的光信号在仪器中各部件先后经过和转化的顺序及每个部件的简单功能。

（2）控制线路 了解计算机中的命令对仪器当中各个受控部件的影响和命令的传输途径，以及每个部件的作用。

（3）供电网络 了解仪器所有用电部件所需的准确电压、电流、功率等详细参数；从仪器总供电插座开始了解仪器各部件的耗电如何产生、调节和传输。

在详细了解以上情况后，一般情况下在出现故障时需要首先在信号线路中找到不能正常工作的模块（每个模块是否能正常工作均有检查方法）；然后检查该模块中的信号线路部件本身是否状态正常（损毁、位置偏移），受控部件的控制命令传输是否畅通，用电部件的供电是否正常，从而确定故障点并排除故障；另外，还需要判定损坏部件是否可以自行修复或用备件替换，如果不能自行解决，需要向制造商的售后服务进行求助。

仪器的日常维护是仪器正常使用的基本保证。实验室条件和电源条件应符合仪器使用要求。

（1）实验室条件 实验室温度应该保持在 15～30℃；实验室湿度要求保持在 20%～80%；实验室内部应保持洁净无尘。室内温度的上升会增加光电倍增管的暗电流、降低信噪比。湿度变大容易产生高压元件的漏电、放电现象，使分析结果产生不稳定现象。仪器光谱强度每天都有一定差异，分析不是很稳定，除了人的因素，造成仪器不稳定的因素主要就是温度和湿度。如果室温高于 30℃，要经常做标准样品比对，要想使仪器处于良好的工作状态，环境温度最好保持在 20～25℃。还有一个可能导致仪器不稳定的原因就是地线，由于金属热胀冷缩效应，温度变化会影响光路稳定性，也会影响仪器的热平衡，对接收器和一些电气元件会造成不稳定，若温差较大则对光路也会有影响。

（2）电源条件 电源电压控制在 220V±22V，频率为 50/60Hz，额定功率控制在 950W左右，待机状态为 350W，保险（慢熔保险）额定电流为 16A，独立地线电阻小于 3Ω。

在分析过程中，只要接地良好且可靠、电源波动小，光谱仪受外界的干扰就小。如果光谱仪与中频变压器使用同一相电源，容易引起电磁干扰，有可能造成仪器测量误差。在测试过程中要尽量满足信号线路中各部件正常工作所需条件，如本身无损毁、位置无漂移、控制命令传输正常、供电正常。为保持仪器性能、测定结果的稳定，最好不要频繁关机。这是因为光谱仪长期通电状态下不但可以避免电气元件受潮而引起仪器内部各元件短路受损，还可以保证试验分析仪器的稳定性。光谱仪若长期关机，就会受潮、吸附灰尘，一旦开机就极易发生电路短路现象。

第**2**章

样品制备

　　样品前处理是光电直读光谱法分析过程中不可缺少的重要步骤，由于样品前处理采用机械加工方式获得，和化学分析相比，样品不需要用酸/碱溶解，处理方式比化学分析法简单，但由于火花源发射光谱法是点检测，为了对测定数据代表性负责，需要多点检测以保证分析结果的准确性。为了保证试验数据的准确度，样品处理过程需要按照一定的科学规范进行操作。目前与金属材料有关的金属材料样品取样与制样的国家或行业标准方法主要有：

1）GB/T 20066—2006《钢和铁　化学成分测定用试样的取样和制样方法》。

2）GB/T 17432—2012《变形铝及铝合金化学成分分析取样方法》。

3）GB/T 5678—2013《铸造合金光谱分析取样方法》。

4）GB/T 31981—2015《钛及钛合金化学成分分析取制样方法》。

5）GB/T 17373—1998《合质金化学分析取样方法》。

6）YS/T 668—2020《铜及铜合金理化检测取样方法》。

7）SN/T 2412.3—2010《进出口钢材通用检验规程 第3部分：取样部位和尺寸》。

2.1　样品概述

　　光电直读光谱法通过激发固体样品产生发射光谱进行定量分析，其样品被激发的必要条件是固体样品必须具有导电性。在自然界中能导电的材料主要是金属材料，这是因为其内部具有晶格结构的固体由金属键结合而成。金属材料是金属元素或以金属元素为主构成的具有金属特性的材料的统称，它是工程材料的主体，包括纯金属、合金、金属材料金属间化合物、特种金属材料等。纯金属可以制成金属间化合物，可以与其他金属或氢、氮、硼、氧、碳、硫、磷等非金属元素在熔融态下形成合金以改善金属的性能。根据添加元素的多少，合金分为二元合金、三元合金等。因此作为具有良好导电性的金属材料可采用光电直读光谱法对组成元素含量进行分析。

　　金属材料按成分分类可分为黑色金属、有色金属和复合金属材料三大类。

2.1.1　黑色金属样品

　　黑色金属从广义上讲是对铁、铬和锰的统称，亦包括这三种金属的合金。而它们三个都不是黑色的，纯铁是银白色的，铬是银白色的，锰是灰白色的。因为铁的表面常常生锈并覆盖着一层黑色的四氧化三铁与棕褐色的氧化铁的混合物，看上去是黑色的，所以人们称之为"黑色金属"。

黑色金属在狭义上特指钢铁材料，其材料可分为纯铁、碳素钢、合金钢和铸铁。

纯铁是碳的质量分数小于 0.02% 的铁合金，又称熟铁，根据用途可分为电磁纯铁、原料纯铁、无发纹纯铁和高真空气密性纯铁。

碳素钢是碳的质量分数小于 2.11% 的铁碳合金，还含有少量的硅、锰、硫、磷元素，不含其他合金元素。一般碳素钢中碳的质量分数越高则硬度越大，强度也越高，但塑性越低。碳素钢按用途可以分为碳素结构钢、碳素工具钢和易切削结构钢三类，碳素结构钢又分为工程结构建钢和机器制造结构钢两种；按冶炼方法可分为平炉钢、转炉钢；按脱氧方法可分为沸腾钢（F）、镇静钢（Z）、半镇静钢（b）和特殊镇静钢（TZ）；按含碳量可以把碳钢分为低碳钢 $[w(C) \leq 0.25\%]$、中碳钢 $[w(C) = 0.25\% \sim 0.6\%]$ 和高碳钢 $[w(C) \geq 0.6\%]$；按钢的质量可以把碳素钢分为普通碳素钢（含磷、硫较高）、优质碳素钢（含磷、硫较低）、高级优质钢（含磷、硫更低）和特级优质钢。

钢中除铁、碳元素，加入其他合金元素，就叫合金钢，它是在普通碳素钢基础上添加适量的一种或多种合金元素而构成的铁碳合金。根据添加元素的不同，并采取适当的加工工艺，可获得高强度、高韧性、耐磨、耐腐蚀、耐低温、耐高温、无磁性等特殊性能。合金钢根据合金元素含量的多少可分为低合金钢（合金元素总量小于 5%）、中合金钢（合金元素总量为 5%～10%）和高合金钢（合金元素总量大于 10%）。在日常生活中常用的不锈钢就属于高合金钢。

铸铁是主要由铁、碳和硅组成的合金的总称。在这些合金中，含碳量超过在共晶温度时能保留在奥氏体固溶体中的量。铸铁属于铁基高碳多元合金，其常存元素（除铁以外）一般含碳（2%～4%）、硅（1%～3%）、锰、磷、硫。碳在铸铁中通常以三种状态存在：

1）以形成石墨晶体形式单独存在。

2）碳与铁形成二元或多元化合物，以化合状态存在。

3）碳溶入 α-Fe 或 γ-Fe 中，并以固溶状态存在。

铸铁按断口颜色可分为灰口铸铁、白口铸铁和麻口铸铁；铸铁按化学成分可分为普通铸铁和合金铸铁；铸铁按生产方法和组织性能可分为普通灰铸铁、孕育灰铸铁、可锻铸铁、球墨铸铁、蠕墨铸铁和特殊性能铸铁。钢铁材料包括 $w(C) < 2\%$ 的碳钢，$w(Fe) > 90\%$ 的工业纯铁和 $w(C) = 2\% \sim 4\%$ 的铸铁。铸铁和钢都是铁碳合金，其区别是含碳量和内部组织结构不同。铸铁是 $w(C) > 2\%$ 的铁碳合金，钢是 $w(C) < 2\%$ 的铁碳合金。钢铁在国民经济中占有极其重要的地位，是衡量一个国家国力的重要标志。钢铁产量约占世界金属总产量的 95%。

2.1.2 有色金属样品

有色金属从狭义上又称非铁金属，是铁、锰、铬以外的所有金属的统称；广义上还包括有色合金。有色合金是以一种有色金属为基体（通常质量分数大于 50%）加入一种或几种其他元素而构成的合金。有色金属元素只有 80 余种，但有色合金种类繁多、性能各异。有色合金的强度和硬度一般比纯金属高，电阻比纯金属大，电阻温度系数小，具有良好的综合力学性能。常用的有色合金有铝合金、铜合金、镁合金、镍合金、锡合金、钽合金、钛合金、锌合金、钼合金、锆合金等。有色金属中的铜是人类最早使用的金属材料之一。现代有色金属及其合金已成为机械制造业、建筑业、电子工业、航空航天、核能利用等领域不可缺少的结构材料和功能材料。

有色金属材料的分类方法很多，目前通用的分类方法有：一般分类、按化学成分分类、按用途分类、按组成合金的元素数目分类等。

1. 一般分类

有色金属按其密度、价格、矿源的储量和分布情况等分为五大类，即重有色金属、轻有色金属、贵金属、半金属与稀有金属。

重有色金属一般指密度在 $4.5g/cm^3$ 以上的有色金属，包括铜、镍、铅、锌、钴、锡、锑、汞、镉、铋等；依据其特性不同，这些重有色金属都具有特殊的应用范围与用途。

轻有色金属一般指密度在 $4.5g/cm^3$ 以下的有色金属，包括铝、镁、钠、钾、钙、锶、钡等；这些金属不仅密度小，而且化学活性大，与氧、硫、碳及卤素化合物接触相当稳定。

贵金属一般指矿源少、开采和提取比较困难、价格比一般金属贵的金属，如金、银及铂族元素（铂、铱、锇、钌、钯、铑等）；这些金属的特点是密度大、熔点高、化学性质稳定、难以被腐蚀。贵金属广泛应用于电气、电子、宇航工业。

半金属一般指物理化学性质介于金属与非金属之间的硅、硒、碲、砷、硼等，此类金属根据各自特性具有不同的用途。硅是半导体的主要材料之一，高纯碲、硒、砷则是制造化合物半导体的原料，硼是合金的重要添加元素。

稀有金属一般指在自然界含量很少、分布稀散或难于从原料中提取的金属。依据物理化学性质、原料的共生关系、生产流程等特点，稀有金属又可划分为以下五种：

1）稀有轻金属包括锂、铍、铷、铯、钛等。除密度小之外，这些金属化学活性都很强，其氧化物、氯化物都具有很高的化学稳定性，不易还原。

2）稀有高熔点金属包括钨、钼、钽、铌、锆、钒、铼等，其共同特点是熔点高［自1830℃（锆）至3400℃（钨）］、硬度大、耐蚀性强，可与一些非金属生成高硬度、高熔点的稳定化合物（碳化物、氮化物、硅化物、硼化物），是生产硬质合金的重要材料。

3）稀有分散金属包括镓、铟、铊、锗等，其特点是在地壳中储量很分散，大多数没有单独形成矿物与矿床。

4）稀土金属包括镧系，以及与镧系元素性质相近的钪与钇。在元素周期表中，从镧到铕称为轻稀土，从钆到镥（包括钪、钇）称为重稀土。这些金属的原子结构相同、物理化学性质相近，在矿石中又总是伴生在一起，提取分离过程较繁杂。

5）稀有放射性金属简称放射性金属，包括钋、镭、锕、钍、镤、铀及镎、钚、镅、锔、锫、锎、锿、镄、钔、锘、铹等，这些元素在原子能工业上起着极其重要的作用。

2. 按化学成分分类

有色金属材料按化学成分（即合金系）分为铜及铜合金、轻金属及其合金、其他有色金属及其合金。铜及铜合金包括纯铜（紫铜）、铜锌合金（黄铜）、铜锡合金（锡青铜等）、无锡青铜（铝青铜）、铜镍合金（白铜）；轻金属及其合金包括镁及镁合金、铝及铝合金、钛及钛合金；其他有色金属及其合金包括铅及其合金、锡及其合金、锌镉及其合金、镍钴及其合金、贵金属及其合金、稀有金属及其合金等。

3. 按用途分类

有色金属按用途分类是常用的一种分类方法。按用途可分为：铸造合金，即液态成形用合金；变形合金，即压力加工用合金；轴承合金，即滑动轴承用合金；焊料，即各种钎焊用合金；硬质合金；印刷合金；中间合金；特殊合金；粉末金属。

4. 按组成合金的元素数目分类

有色金属合金按其组成合金的元素数目可分为：二元合金，即由两个主要元素组成的有色金属合金，如以铜、锌为主要元素组成的铜锌合金；三元合金，即由三个主要元素组成的有色金属合金，如以锌、铝、铜为主要元素组成的锌合金；四元合金，即由四个主要元素组成的有色金属合金，如以镁、铝、锰、锌为主要元素组成的镁合金；多元合金，即由四个以上主要元素组成的有色金属合金，如以钛、铝、铬、锰、铁、钼、钒为主要元素组成的钛合金。

2.1.3 复合金属材料样品

复合金属材料是指采用复合技术将两种或两种以上的理化性能不同的金属以物理方式结合在一起的新型材料。这类材料可改善单一金属材料的热膨胀性、强度、断裂韧性、冲击韧性、耐磨性、电性能和磁性能等诸多性能。

1. 按基体类型分类

复合金属材料按基体类型分类，主要有铝基、镁基、锌基、铜基、钛基、镍基、耐热金属基、金属间化合物基等复合材料。目前以铝基、镁基、钛基、镍基复合材料发展较为成熟，已在航空、航天、电子、汽车等工业领域中应用。主要有以下几种材料：

1）铝基复合材料是在金属基复合材料中应用最广的一种。由于铝合金基体为面心立方结构，因此具有良好的塑性和韧性，再加之它所具有的易加工性、工程可靠性及价格低廉等优点，为其在工程上的应用创造了有利条件。在制造铝基复合材料时，通常并不是使用纯铝，而是使用铝合金，这主要是由于铝合金具有更好的综合性能。

2）镍基复合材料是以镍及镍合金为基体制造的，由于镍的高温性能优良，因此这种复合材料主要用于制作高温下工作的零部件。人们研制镍基复合材料的一个重要目的是希望用它来制造燃气轮机的叶片，从而进一步提高燃气轮机的工作温度。但目前由于制造工艺及可靠性等问题尚未解决，所以还未能取得满意的结果。

3）钛基复合材料比任何其他的结构材料具有更高的比强度。因此对飞机结构来说，当速度从亚声速提高到超声速时，钛比铝合金显示出了更大的优越性。随着速度的进一步加快，还需要改变飞机的结构设计，采用更细长的机翼和其他翼型，为此需要高刚度的材料，而纤维增强钛恰好可以满足这种对材料刚度的要求。钛基复合材料中最常用的增强体是硼纤维，这是由于钛与硼的热膨胀系数比较接近。

4）镁基复合材料以陶瓷颗粒、纤维或晶须作为增强体，集超轻、高比刚度、高比强度于一身，这类材料比铝基复合材料更轻，具有更高的比强度和比刚度，将成为航空航天领域的优选材料。

2. 按用途分类

复合金属材料按用途分为结构复合材料和功能复合材料。

1）结构复合材料主要用作承力结构，它基本上由增强体和基体组成，具有高比强度、高比模量、尺寸稳定、耐热等特点。用于制造航空、航天、电子、汽车、先进武器系统等领域的各种高性能构件。

2）功能复合材料是指除力学性能外还有其他物理性能的复合材料，这些性能包括电、磁、热、声、力学（指阻尼、摩擦）等。这类材料用于电子、仪器、汽车、航空、航天、武器等领域。

2.2　样品要求

分析样品的制备工作是光电直读光谱法最基础、最重要的工作之一。光电直读光谱法的试样主要是固体块状试样、重熔成形试样。一个分析结果是否有意义，即是否能够正确判定产品质量或指导生产，直接取决于试样是否有代表性。因此样品所采用的取样方法应保证分析试样能代表熔体或抽样产品的化学成分平均值。在样品处理过程中，为了使分析试样具有代表性，必须重视样品取样和制样两个方面的工作。如果在上述两个过程中存在问题，那么试验结果必然是错误的。光电直读光谱法是对块状的金属材料进行分析，它与X射线荧光光谱法一样，都是对分析样品一个平面进行分析（面分析），因此对固体样品的内部和外观是有一定要求的。样品外观的要求是必须有一个完全覆盖激发孔隙的、大且平整的分析面，同时满足不漏气以保证检测工作在氩气气氛范围内进行。当样品完全覆盖激发台时，其接触方式是面接触。样品至少要有一个表面光滑、平整及足够大面积的分析面才可完全覆盖激发孔隙。除此之外，分析样品的分析面不能有气孔、砂眼、氧化物、油污、灰尘及其他形式的污染物，同时还应尽可能避开孔隙、裂纹、疏松、毛刺、折叠或其他表面缺陷。否则样品表面会因为有气孔而产生漏气，表面油污会影响碳的准确度，氧化物经过激发后会释放出氧气，氧气对紫外区的光谱线强度有吸收作用，会降低检测灵敏度，另外在放电过程中还会产生扩散放电，导致分析结果数值偏低。其次，如果样品厚度太薄，在激发过程中无法承受激发而导致样品击穿，出现漏气现象最终会导致分析过程中断。因此，对于样品的外观要求除了有一个足够大的平面，对样品的厚度也有一定要求。

被测样品的化学成分具有良好的均匀性才能有代表性。如果被测样品成分均匀性差，说明化学成分偏析现象较严重，无法检测到准确结果。对于大多数金属材料样品来说，出厂成品均能够满足均匀性这个要求，但是对于熔融态金属和球墨铸铁零件的样品，其化学成分偏析现象比较严重，因此在对熔体进行取样时，如果检测到样品化学成分不均匀，应保证从熔体中取得的样品在冷却时保持其化学成分和金相组织前后一致。值得注意的是，样品的金相组织可能影响到某些物理分析方法的准确性，特别是铁的白口组织与灰口组织、钢的铸态组织与锻态组织。这是因为造成偏析的因素与合金的组成、合金熔化温度、浇铸温度、被浇样品的冷却速度及铸模的材料、形状、厚度等有关。若样品化学组成相同但热处理过程不同，则会造成测得的谱线强度不同，从而引起部分元素的检测结果发生波动。如含碳量高的铸铁样品冷却速度不一致时，对轻元素碳、镁、硅、磷、硫等的检测结果偏析很大，而钨、钒、铬等由于形成碳化物而影响分析结果。因此，为了提高测定的准确性，要求类型标准化样品与分析样品的热处理过程要保持一致。此外，元素的低固熔性会影响金属的均匀性，缓慢冷却形成大颗粒晶粒的边界会产生偏析和不均匀，快速冷却形成细晶粒的金相结构可以保证金属材料样品的均匀性。对于不适合直接分析的金属样品（如切样、线材和金属粉末等），还可以采用感应重熔离心浇铸法来制备样品，原理是将适当大小的样品放入坩埚，在氩气气氛中通过高频感应加热重新熔融金属样品，在离心力的作用下注入特制的模具里，然后迅速冷却制得金属圆块样品。离心浇铸法可以消除样品的基体效应，并且可以采用添加或稀释（常见稀释剂有纯铁）等方式保证样品均匀性，还可以人工合成标准样品，但设备昂贵、制样成本高。以球墨铸铁件为例，由于冶炼工艺问题，需要在分析前对其进行白口化处理以保证分析样品的状态和标准样品一致，而样品的状态是否符合国家标准要求与样品的取样部位和机械加工这两方面密切相关。取样就是从产品批（母体）中随机抽取一个产品，然后在该抽样产品上切取试验所需要的材料，再经过机械加工或未经机械加工达到合乎标准要求的状态（尺寸和表面粗糙度）的样品过程。例如，从一堆圆钢中任取一根圆钢，用合适的切割机械将其切割成 40mm 长的圆柱，将截面在磨样机上磨光，经过无水乙醇擦洗后即可上机分析。在取样过程中注意取样部位、取样方向和取样数量是否具有代表性。一般来说，中心部位的性能低于其他部位的性能，纵向试样的性能优于横向试样的性能，而性能的好坏与其化学成分及热处理有关。因此取样时分析点的选择尤其重要，即不能选择中心点位置，而应在其边缘选取等边三角形的顶点为三点进行检测，激发的测定值取平均值。样品激发后效果如图 2-1 所示。

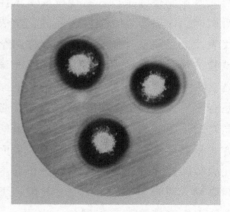

图 2-1　样品激发后效果

　　另外，为了保证取样数量的代表性，其取样数量应该根据产品标准及使用情况而定。综上所述，光电直读光谱法要求样品必须满足以下三点要求：

　　1）样品分析面光滑平整，无气孔、夹杂、油污和氧化物；分析面大小必须完全覆盖激发孔，避免漏气。

　　2）样品材料化学成分均匀，并保证样品和标准控制样品的金相组织一致。

　　3）被测定的样品要有足够的厚度以保证在分析激发过程中不被击穿。

　　在光电直读光谱法中，样品与激发台接触的最佳方式为面接触，而物体与平面的接触方式有面接触、线接触和点接触三种方式。面接触是物体和物体接触闭合时其接触部分为一个平面。线接触是物体和物体接触闭合时其接触部分为一条线。点接触是物体和物体接触闭合时其接触部分为一个点。而样品的接触方式和样品的外观形状有关，如圆形管材样品和激发台的接触方式是线接触，钢球样品和激发台的接触方式是点接触。显而易见，线接触和点接触方式不能完全覆盖激发孔隙，所以无法直接进行检测，因此在光电直读光谱法中样品的外观决定了检测的难易程度，最适合检测的样品外观为圆柱体、长方体和正方体，其次就是和它们相似或形状相近的样品。为了检测方便，将样品的分类按照规则样品和不规则样品进行划分。所谓的规则样品，就是其外观符合检测条件或采用浇铸/切割的方式将其外观制成符合检测条件的样块，再经过适当的加工方式除去氧化层、夹杂和毛刺后其分析面足够大，并具备一定的平整度，可完全覆盖激发孔隙，其厚度也可保证在分析激发过程中不被击穿。因此样品采用浇铸技术制成样块后，铸造样品外径不小于 30mm，厚度不小于 10mm；其他样品采用切割技术制成样块后，棒状样品直径不小于 10mm，长度约 40mm；板状样品厚度不小于 0.5mm，宽度不小于 30mm，分析面的表面积不小于 $900mm^2$。如果样品没有合适的分析面，可采用切削和磨削的方式加工出一个平面。凡是样品或样块在车、铣、磨削加工前满足上述要求即为规则样品，反之为不规则样品。对于不规则样品，可以借助光谱夹具来解决密闭激发孔和相对平面的问题，例如，6.0mm 的线材借助夹具产生相对平面来解决密闭和漏气问题；另外也可采用合适的制样方法来扩大其分析面。被测样品如果没有足够的厚度，在激发过程中会被击穿而无法分析，这时就要想办法将它增厚来解决样品击穿问题。以 0.01mm 的铝箔为例，这种样品可以采用叠加方式来解决。

金属材料按外观形状可分为板材、型材、管材和金属制品四大类。板材可分为薄板、中板、厚板和特厚板。型材是铁或钢及具有一定强度和韧性的材料（如塑料、铝和玻璃纤维等），通过轧制、挤出、铸造等工艺制成的具有一定几何形状的材料，如工字钢、槽钢和各种铝型材等。管材就是用于做管件的材料，如镀锌管、铜管和铝管等。金属制品包括结构性制品、金属工具制品、金属包装容器和不锈钢制品等。下面将按照金属材料外观分类对制样方法进行分类阐述。

2.3 样品制备方法

在光电直读光谱法中，样品处理是试验过程中不可缺少的重要环节。样品的处理过程分为取样和制样两个过程。

取样是指样品的采集过程，根据样品的取样对象来分，可分为熔体中取样和成品中取样。熔体中取样主要是为了监控生产过程，需要在整个生产过程的不同阶段取样。根据铸态产品标准的要求可以在熔体浇铸的过程中进行取样。对于铸态产品的液体金属分析样品，也可以按照产品标准要求从出自同一熔体、用作力学性能试验的棒状或块状试样上取样。成品中取样主要指原始样品或分析样品可以按照产品标准中规定的取样位置取样。分析样品可以从铸态产品的棒状或块状试样中取样。对于锻造产品分析样品，可以从未锻造的原始产品中、锻后产品中或额外锻造的产品中获得。

制样是指为了确定质量特性值所进行的试样制备过程。常用的金属样品制备方法有浇铸、切割、车削、铣削、磨削、压制和夹具夹持等方法。

2.3.1 样品浇铸方法

熔融浇铸法就是将冶炼炉中的熔融态金属在不加压或稍加压的情况下注入模具内，并使其成形的样品处理方法。熔融态金属样品的处理也是由取样和制样两个过程组成的。样品的取样采用浇铸技术成形，即将熔融态金属浇入铸型后冷却凝固成具有一定形状的铸件。常见样品有铁液、钢水、铝水和铜水。具体方法是，先将取样勺子放在炉前烘烤几分钟除去水分，然后在炉中或者包中舀取金属液体，摇匀后倒入蘑菇状试样模具中，用水冷激，最后从模具中取出。该方法成本较低。有的也采用取样器来解决，取样器采取的试样形状为乒乓球拍状，对其任意一个表面加工研磨后，可用于光谱分析。对于一般钢或各类铸铁来说，可以直接将样品制作成蘑菇形或者图章形，在磨样机上磨出金属光泽后就可以分析了。对于有色合金（如铝、铜、锌或镁），可以做成圆柱形或蘑菇形，冷却后经过切削加工即可分析。

下面以铸铁样品制样过程为例进行说明，具体步骤如下：首先制作一个直径约为40mm的图章状模具，在制作模具时，要保证该样品待检面厚度不小于5.0mm，模具下可衬铜板以利于散热。然后将熔融铸铁样品倒入特制的图章状模具中，待冷却后，获得图章状样品（见图2-2）。该模具的特点是其形状有利于捏拿制作被检面，灰铸铁采用此方式取样有利于样品的白口化。在光电直读光谱法中，灰铸铁中的碳元素也只有在化合状态下（白口化）才能准确分析，相反，材料中碳元素在游离态（球墨化）就无法准确分析。最后将该样品在磨样机上进行磨制。磨制样品时，要求在磨样机上将分析面磨出金属光泽，而且分析面最好是圆弧线的粗条纹（见图2-3），这样更利于样品被激发。

图2-2　球墨铸铁图章状样品实物　　　　　图2-3　球墨铸铁样品磨制后效果

对于熔融金属样品的取样：首先，应保证分析试样能代表熔体或抽样产品的化学成分，即样品的各元素组分应具有良好的均匀性。其次，在加工过程中应除去涂层、湿气和尘土等污染物，还应避开气孔、裂纹、疏松、毛刺、折叠或其他表面缺陷。最后，样品在冷却时应保持其化学成分和金相组织前后一致。例如，铸铁样品要注意其白口化的问题。白口化就是在快速冷却下铸铁中的碳元素均以渗碳体（Fe_3C）形式存在，其断口为亮白色故称为白口组织。铸铁经过白口化处理后，其碳元素以碳化物（Fe_3C）形式存在于金相组织中而无石墨碳。碳元素在以碳化物（Fe_3C）形式存在的白口组织中分布较均匀且无偏析现象，符合光电直读光谱法对样品的要求。

对于一般铸铁件样品来说，碳的存在状态有三种：石墨晶体单质、与铁形成二元或多元化合物呈化合态、溶入 α-Fe 或 γ-Fe 中呈固溶态。由于在铸铁中石墨晶体单质形式存在比例较大，而且其状态为游离态，也就是说碳在铸铁组织中分布是不均匀的。而光电直读光谱法样品的首要条件就是其各组分必须均匀。因此铸铁件样品不能直接应用光电直读光谱法分析，需要对样品进行白口化处理后才能保证分析样品各元素组分比较均匀。

铸铁的白口化是铸铁快速冷却下的产物。因此对于铸铁样品白口化，首先要保证浇铸试样的温度要足够高，只有温度越高，其温差越大，在高温下铸铁以石墨为核心的夹杂物才会越少。在中频感应熔炼电炉中铸铁低温浇铸温度为 1250℃，高温出铁液温度为 1450℃，因此浇铸温度应该在 1450℃左右。其次要保证浇铸物快速冷却，也就是浇铸试样的冷却速度要快，即将浇铸试样放到水中快速冷却。为了白口化更彻底，还应该注意试样的厚度不能太厚，其模具可采用散热效果较好的铜模浇铸。最后还可以在铸铁中加入反石墨化元素来抑制碳石墨化。抑制碳石墨化的反石墨化元素有镁、钴、硼、铬和碲等，其中铬、碲两种元素的白口化效果较好，但是铬在合金铸铁中属于被测元素，它的加入会导致无法对样品进行准确测定，铬含量过高也影响其他元素的测定，所以一般情况下不宜采用加铬的方式抑制碳石墨化。由于碲元素不属于被测元素，而且碲的谱线不会干扰其他元素测定，用极少量的碲元素（质量分数为 0.07%左右）就可以解决样品白口化问题。因此在铸铁中加入少量碲来解决样品白口化问题是最佳选择。另外，由于球墨化铸铁零件样品的热处理导致成分发生偏析，甚至有的样品本身含有非金属夹杂物、气泡和裂纹等，这种情况会导致在放电过程中放出氧气，并与样品中和氧亲和力较大的元素进行选择氧化，在样品表面生成新的氧化物。由于氧化物的存在，在激发放电过程中会释放氧气，产生"扩散放电"（白点），从而影响其结果准确度。因此在熔融态样品制备过程中一定要注意上述问题。在分析过程中，如果样品出现上述问题，为了保证分析结果的准确，一定要重新制取样品。切记：在样品的激发过程中一定要产生"凝聚放电"（黑点）。

2.3.2　样品切割方法

切割设备主要有切割机、线切割机、等离子切割机。

1. 切割机

切割机包括砂轮切割机、金相切割机和切铝机等。

1）砂轮切割机（见图 2-4）又叫砂轮锯，适用于对金属方扁管、方扁钢、工字钢、槽型钢、圆管等材料进行切割。砂轮机主要由基座、砂轮、电动机或其他动力源、托架、防护罩和给水器等组成。砂轮设置于基座的顶面，基座内部具有放置动力源的空间，动力源传动减速器，减速器具有穿出基座顶面的传动轴，供固接砂轮基座对应；砂轮的底部位置具有凹陷的集水区，集水区向外延伸到流道，给水器设于砂轮一侧的上方，给水器内具有一个盛装水液的空间，且给水器对应砂轮的一侧具有一个出水口。整体传动机构十分精简完善，使研磨的过程更加方便顺畅，并提高了砂轮机整体的研磨效能的功效。砂轮脆性较大、转速很高，使用时应严格遵守安全操作规程。

2）金相切割机（见图 2-5）是利用高速旋转的薄片砂轮来截取金相试样的机械。它广泛应用于金相实验室切割各种金属材料。金相切割机附有冷却装置，可以带走切割时所产生的热量，从而避免了试样遇热而改变其金相组织情况的发生。金相切割机的切割砂轮直接固定在电动机的轴上，利用锯架的摆动来切割固定在钳口中的试样。电动机固定在底座上，轴套套在电动机的轴上，砂轮片由螺母和夹片加以固定，固定在电动机前面的支架上装有可绕横轴转动的锯架，由手柄的转动来移动钳口把试样夹紧在钳座中，当转动锯架时就可以进行试样切割。冷却系统可以用固定在旋塞上的旋钮人工控制流量，冷却液由固定在底座后面的橡胶管排出。机器工作时用罩壳将砂轮片等与工作人员隔开，防止因冷却液飞溅、砂轮片碎裂而发生伤人事件。在用切割机切割样品时，应该保证相同基体的样品，用同一砂轮片或切割片磨制，不同基体（铝基、铁基）的试样分开磨制。

图 2-4　砂轮切割机外观

图 2-5　金相切割机外观

3）切铝机（见图 2-6）是一种可实现对铝管钢管送料、定尺、夹持、刀具进给、松开、输送成品、打印批号、尾料输出等功能并自动循环，从而实现连续自动化加工的切割机械。切铝机利用齿轮差动进给原理，实现刀具在高速旋转的刀盘上的纵向进给，从而实现了铝管/钢管夹持不动、刀盘旋转切削的新理念，有效解决了钢管高速旋转加工方式中存在的高能耗、机床抖动、切削效率低、刀具寿命短、生产作业率低、钢管端面质量差、无法定尺等问题。其特点为：①节能效果好，使用刀具旋转而管材不动，节省了管材旋转所需要的动力；②效率高、运行成本低，采用多刀同时加工的切削方式，加工效率高，刀具消耗少；③加工精度高、噪声小；④可靠性高、精度维持性好、维护方便；⑤控制系统采用基于工业以太网的运动控制平台，自动化程度高，控制功能强，完全实现管材切断加工的生产自动化。切铝机可用于铝材、不锈钢、石油套管、焊管和高压锅炉管等的精密切断加工。操作切铝机时，禁止在运转中变速、更换刀具或松夹材料。遇停电或机械出现故障等紧急情况时，必须切断电源并将锯条从锯料中退出。切铝机锯长料时必须使用 V 形垫料支架，防止材料滚动，弹跳伤人。

2. 线切割机

线切割机（见图 2-7）主要由机床、数控系统和高频电源三部分组成。数控系统由单片机、键盘、变频检测系统构成，具有间隙补偿、直线插补、圆弧插补、断丝自动处理等主要功能。线切割机能切割高强度、高韧性、高硬度、高脆性、磁性材料，以及精密细小和形状复杂的零件。线切割技术、线切割机床在各行各业中得到广泛应用。线切割机的机床由床身、储丝机构、线架、XY工作台、油箱等部件组成。绕在储丝机构（储丝筒）上的钼丝经过线架做高速往复运动。加工工件固定在XY工作台上，X、Y两方向的运动各由一台步进电动机控制。数控系统每发出一个信号，步进电动机就走一步，并通过中间传动机构带动两方向的丝杠旋转，分别使得X、Y工作台进给。

图2-6 切铝机外观

图2-7 线切割机外观

3. 等离子切割机

等离子切割机（见图2-8）是借助等离子切割技术对金属材料进行加工的机械。等离子切割是一种利用高温等离子电弧的热量使工件切口处的金属部分或局部熔化（蒸发），并借高速等离子的动量排除熔融金属以形成切口的加工方法。等离子切割机配合不同的工作气体可以切割各种氧气切割难以切割的金属，尤其是对于有色金属（铝、铜、钛、镍）的切割效果更佳。其主要优点在于切割厚度不大的金属时，等离子切割机的速度更快，尤其在切割普通碳素钢薄板时的速度可达氧切割法的5~6倍，并且切割面光洁、热变形小、几乎没有热影响区。

图2-8 等离子切割机外观

到目前为止，等离子切割机可采用的工作气体（工作气体既是等离子弧的导电介质，又是携热体，同时还要排除切口中的熔融金属）对等离子弧的切割特性及切割质量、速度都有明显的影响。常用的等离子弧工作气体有氩气、氢气、氮气、氧气、空气、水蒸气及混合气体。等离子切割机广泛运用于汽车、机车、压力容器、化工机械、核工业、通用机械、工程机械等各行各业。

切削加工法就是利用切削设备的切削工具从样品上切除多余的材料，从而获得几何形状、尺寸、表面粗糙度等符合要求的样品的制样方法。常用的切削设备有车床、铣床、磨床。常用的切削工具有车刀、铣刀、砂轮。刀具材料的基本要求必须满足较高的硬度（一般要求在 HRC 60 以上），具有足够的强度、韧性、耐磨性、耐热性、工艺性。

2.3.3 样品车削方法

车床是以车刀为进给运动、旋转的工件为主运动进行切削加工的机床。车床主要组成部件有主轴箱、交换齿轮箱、进给箱、溜板箱、刀架、尾座、光杠、丝杠、床身、床脚和冷却装置。

主轴箱（床头箱）固定在床身的左上部，箱内装有齿轮、主轴等组成变速传动机构。该变速传动机构将电动机的旋转运动传递至主轴，通过改变箱外手柄位置可使主轴实现多种转速的正、反向旋转运动。

进给箱（走刀箱）固定在床身的左前下侧，是进给传动系统的变速机构。它通过挂轮把主轴的旋转运动传给丝杠或光杠，可分别实现车削各种螺纹的运动及机动进给运动。

溜板箱（拖板箱）固定在床鞍的前侧，随床鞍一起在床身导轨上做纵向往复运动，通过它把丝杠或光杠的旋转运动变为床鞍、中滑板的进给运动。变换箱外手柄位置可以控制车刀的纵向或横向运动（运动方向、起动或停止）。

交换齿轮箱安装在床身的左侧，其上装有变换齿轮（挂轮），它把主轴的旋转运动传递给进给箱，调整交换齿轮箱上的齿轮并与进给箱内的变速机构相配合，可以车削出不同螺距的螺纹，并满足车削时对不同纵向、横向进给量的需求。

刀架由两层滑板（中、小滑板）、床鞍与刀架体共同组成，用于安装车刀并带动车刀做纵向、横向或斜向运动。

床身是一个精密度要求很高的、带有导轨（山形导轨和平导轨）的大型基础部件，用以支承和连接车床的各个部件，并保证各部件在工作时有准确的相对位置。床身由纵向的床壁组成，床壁间有增加床身刚性的横向筋条。床身固定在左、右床腿上，床腿的前后两个床脚分别与床身前后两端下部连为一体，用以支撑安装在床身上的各个部件，同时通过地脚螺栓和调整垫块使整台车床固定在工作场地上，通过调整能使床身保持水平状态。

尾座是由尾座体、底座、套筒等组成的，它安装在床身导轨上，并能沿此导轨做纵向移动以调整其工作位置。尾座上的套筒锥孔内可安装顶尖、钻头、铰刀、丝锥等刀、辅具，用来支承工件、钻孔、铰孔、攻螺纹等。

丝杠主要用于车削螺纹，它能使拖板和车刀按要求的速比做很精确的直线移动。光杠将进给箱的运动传递给溜板箱，使床鞍、中滑板做纵向、横向自动进给。操纵杆是车床的控制机构的主要零件之一。在操纵杆的左端和溜板箱的右侧各装有一个操纵手柄，操作者可方便地操纵手柄以控制车床主轴的正转、反转或停车。

按用途和结构的不同，车床主要分为卧式车床、立式车床、转塔车床、仿形车床、多刀车床、自动车床等，其中卧式车床是最常用的车床。

在车削加工过程中，车刀是车床加工最重要的部分之一，它由刀头和刀杆两部分组成。车刀用于车削加工，具有一个切削部分。从外观形状或用途分类，常用车刀可分为尖形车刀、圆弧形车刀、成型车刀、机夹可转位不重磨车刀、切槽刀（切断刀）等。在车刀中承担切削任务的部位是刀头。刀头所使用的材料必须具备耐磨性、红硬性、韧性。红硬性又名红性，是指外部受热升温时工具钢仍能维持高硬度（大于 HRC 60）的功能。具体地讲，红硬性是指材料在一定温度下保持一定时间后保持其硬度的能力。目前具备这些特性的常用刀具材料有碳素工具钢、合金工具钢、高速钢、硬质合金、人造聚晶金刚石、立方氮化硼等，其中高速钢和硬质合金是两类应用广泛的车刀材料。高速钢具有较好的综合性能，其可磨削性能和热塑性较好。硬质合金是由难熔材料（如碳化钨、碳化钛和钴）的粉末在高压下成型，经 1350~1560℃ 高温烧结而成的粉末冶金材料，其抗弯强度、韧性、耐磨性和抗黏附性较好，适合加工铸铁和有色金属等脆性材料，也可以加工钢或其他韧性较大的塑性金属。刀杆一般由碳素结构钢制成。

与其他刀具一样，车刀在使用一段时间后都会变钝，从而影响切削加工质量，因此要对车刀的刀刃进行刃磨。车刀刃磨一般有机械刃磨和手工刃磨两种。在进行车刀刃磨时必须配备磨刀砂轮。对于磨刀砂轮，必须根据刀具材料选用，常用的砂轮有氧化铝砂轮和碳化硅砂轮。氧化铝砂轮多呈白色，其砂粒韧性好、较锋利，但硬度稍低，常用来刃磨高速钢车刀和碳素工具钢刀具。而呈绿色的碳化硅砂轮的砂粒硬度高、切削性能好，但脆性较大，常用来刃磨硬质合金刀具。另外，还可采用人造金刚石砂轮刃磨刀具，这种砂轮既可刃磨硬质合金刀具，也可磨削玻璃、陶瓷等高硬度材料。砂轮的粗细以粒度表示，一般分为 36#、60#、80# 和 120# 等级别，粒度越大则表示组成砂轮的磨料越细，反之则越粗。一般粗磨时选用粒度小、颗粒粗的平形砂轮。精磨时选用粒度大、颗粒细的杯形砂轮。车刀刃磨时，首先要采用正确姿势握刀，双手拿稳车刀，使刀杆靠于支架并让被磨表面轻贴砂轮，用力要均匀，刃磨过程中不能抖动。在磨削碳素钢、高速钢及合金钢时，要及时将发热的刀头放入水中冷却，以防刀刃退火失去其硬度。在磨削硬质合金刀具时不需要进行冷却，否则刀头的急冷会导致刀片碎裂。其次，使用盘形砂轮时应尽量避免在砂轮端面上刃磨；使用杯形砂轮时不准使用砂轮的内圈。刃磨时刀具应往复移动，固定在砂轮某处刃磨会导致该处形成凹坑，不利于以后的刃磨。同时，砂轮表面要经常修整以保证刃磨质量。最后，刃磨结束后应随手关闭砂轮机电源。

车削加工主要用于铝及铝合金、铜及铜合金、锌及锌合金、镁及镁合金等有色金属材料样品的表面加工。与钢铁材料相比，这些样品硬度较低，易于车削加工。由于样品分析面有一定的平整度和光洁度即可分析，因此对车床的要求是只要具有端面车削功能即可。这种功能是车床的基本功能，即任何一个型号的车床都满足这个要求。车刀可配置主偏角为 45°、75° 和 90° 的几种规格。在车端面时，工件安装在自定心卡盘上，调整机床，起动机床使工件旋转，移动溜板箱，将车刀移至工件附近，移动小滑板控制背吃刀量，摇动中滑板手柄做横向进给。端面加工最主要的要求是平直、光洁，可采用钢尺作为工具来检查其是否平直，严格要求时则用刀口直尺做透光检查。考核光洁度的指标是表面粗糙度，其表面粗糙度只要达到 $2\mu m$ 即可。

对于分析人员来说，在使用车床时，除了掌握基本的切削加工技术，还必须对车床安全操作规程和刃磨技术进行了解。首先，在开机前按规定润滑机床，检查各手柄是否到位，并开慢车试运转 5min，确认一切正常后方可操作。自定心卡盘夹头要安装牢固，开机时扳手不能留在自定心卡盘或夹头上。工件和刀具装夹要牢固，刀杆不应伸出过长（镗孔除外）。转动小刀架要停车，防止刀具碰撞自定心卡盘、工件或划破手。其次，在工件运转时，操作者身体不能正对工件站立，不靠车床脚不踏油盘。高速切削时，应使用断屑器和挡护屏，禁止高速反向制动，退车和停车要平稳。在清除铁屑时应用刷子或专用钩。用锉刀打光工件必须右手在前左手在后。用砂布打光工件、要用"手夹"等工具，以防绞伤。一切在用工、量、刃具应放于附近的安全位置，做到整齐有序。在车床工作时禁止打开或卸下防护装置。最后，在车床未停稳时，禁止在车头上取工件或测量工件。临近下班应清扫和擦试车床，并将尾座和溜板箱退到床身最右端。车床安装要稳定，不能出现振荡，最好采用落地机床，四脚用地脚螺栓固定。

2.3.4 样品铣削方法

在光电直读光谱样品制备中，铣削技术也是常见的样品加工方式，这种制样方法具有样品污染小、制样速度快、质量稳定和工作强度小等特点，适用范围比车床更大。铣削加工所用的设备是铣床，铣床是以铣刀旋转为主运动，以工件所在工作台为进给运动，对工件进行铣削加工的机床，其主运动及进给运动与车床相反。简单来说，铣床是可以对工件进行铣削、钻削和镗孔加工的机床。在铣床上可以加工平面（水平面、垂直面）、沟槽（键槽、T形槽、燕尾槽等）、分齿零件（齿轮、花键轴、链轮）、螺旋形表面（螺纹、螺旋槽）及各种曲面。此外，还可用于对回转体表面、内孔加工及进行切断工作等。对分析人员来说，只需要掌握和端面相关的铣削技术即可，其他只做常识性了解。

铣床工作时，工件安装在工作台或分度头等附件上，铣刀旋转为主运动，辅以工作台或铣头的进给运动，工件即可获得所需的加工表面。由于是多刃断续切削，因而铣床的生产率较高，在机械制造和修理部门得到广泛应用。但是，铣床操作伤害在工业伤害中占据比较大的比例，特别是在违反安全规范和操作要求上，如手被铣刀及工件切伤或夹伤、工作物飞出造成伤害、身体或眼睛受切屑击伤或烫伤、宽松衣物或领带等被铣刀卷入而引起人体伤害，以及被重件或物品掉落砸伤下肢等。因此，在铣床操作时要加强安全意识。

首先，在机器操作时要注意保持机器的清洁和安全良好的状况，切实了解机器的启闭位置，操作前检查油位及各部位的机器安全，如发现不正常应立即停止工作。机床转动时不要试图改变方向，各部件的防护罩不可取下或不用。铣削工件时应检查刀具的旋转方向。铣切螺旋齿轮或类似操作加上附件时，应将齿轮传动部分设置防护措施。

其次，在操作前应熟悉机器的性能，并熟悉操作方法。对于不会操作的机床，除非有人指导，否则不要试图操作且不要任意改装机器。在操作之前戴上个人防护器具和安全眼镜，穿上安全靴或涂防护油膏，并检查机器各部件及防护设施是否处于安全状态。检查刀具是否锋利，如果刀刃变钝，应禁止使用。应确定工件或刀具是否固定，并应有躲避点。工件不可与停止中的铣刀接触，调整切削深度和启动机器时，应使刀具与工件保持适当的距离，启动机器时进给机构不能动作。机器未停止前不可取下工件或防护措施，不可用手去直接清理切屑，应用刷子清理。另外，还要注意操作人员不可穿宽松的衣服，应卷起衣袖或扣好袖口，保持短发或戴帽子，除搬运或固定材料外，操作中不准戴手套。

最后，操作人员离开机器时应关闭机器，移动快速杆时应停止刀具旋转，维护机器或拆卸工件时应关闭机器。切屑要适时清除，地面上不要有油污，避免切削油及润滑剂的飞溅。刀具的拆卸应配合刀轴的规格，按相关规定拆卸，操作时不可清理、调整机器或加油保养。下班或休息饮食时应洗手，在操作工作台上不可放置工具、量具或其他物品。

根据结构不同，铣床又可分为立式铣床、卧式铣床、仿形铣床和龙门铣床等。

对于光电直读光谱法的样品分析面，只需要加工成一个平面（端面）即可。用铣床对试样表面进行铣削加工时，加工出来的表面粗糙度低且无污染。因此在选择铣床时，其设备配置不需要太高，只需要具有加工水平面的功能即可。一般选择小型台式铣床和平面铣床即可满足需求，这是因为台式铣床是适合铣削仪器、仪表等小型零件的铣床，平面铣床是可铣削平面和成形面的铣床。床身水平布置，通常工作台沿床身导轨纵向移动，主轴可轴向移动。铣床的结构简单、生产率高。对于分析人员来说，只需要掌握和端面相关的铣削技术即可，其他知识只做常识性了解。

铣削加工既可以用于钢铁材料，也可以用于有色金属材料。对于铝、铜等有色金属，分析面至少应铣削 0.5mm 以上除去表面氧化层，要求分析面平整及无夹杂。对于铸造试样的分析面应铣削 2~3mm，棒状试样的端头应铣削 5~10mm，板状、块状试样的分析面应铣削 0.8mm 以除去样品的氧化物和污染物。分析面不能有气孔、裂纹和夹杂。加工过程中不使用任何润滑剂，保证样品分析面不被污染。加工后的金属表面必须露出金属光泽，不能有发蓝或发黑现象。然后再用无水乙醇擦去上面的油污和污迹，晾干后即可上机分析。在铣削加工样品时，要对铣削转速和进给量进行优化，这两个参数对样品的分析精密度有一定的影响。例如，依次对生铁、低碳钢、中碳钢和高碳钢等样品进行 0.3mm 深度铣削试验，铣削转速在 300~900r/min，进给量在 200~800mm/min 时，样品的分析精密度较好。

在光电直读光谱法中，铝合金、铜合金、锌合金、镁合金样品可用车床或铣床以硬质合金刀具加工。加工好的光谱分析试样的工作面要平整、光滑，不应有气孔、砂眼、裂纹等影响测试结果的缺陷。

2.3.5 样品磨削方法

在光电直读光谱法中，对于硬度较高的黑色金属样品，如生铁、低碳钢、中碳钢和高碳钢，为了获得光洁的分析面，磨制加工是常见的样品制备技术。所用设备有磨床和光谱磨样机。

1. 磨床

磨床是利用磨具对工件表面进行磨削加工的机床。大多数的磨床是使用高速旋转的砂轮进行磨削加工。少数磨床使用油石、砂带等其他磨具或游离磨料进行加工，如超精加工机床、砂带磨床、研磨机和抛光机等。磨床可加工硬度较高的材料，如淬硬钢、硬质合金等。砂轮是磨削加工的主要工具，它是由磨料和结合剂构成的疏松多孔物体，磨粒、结合剂和空隙是构成砂轮的三要素。由于磨料、结合剂及砂轮制造工艺的不同，砂轮性能差别可能很大，对磨削加工的准确度及生产率等有着重要的影响。

磨料是制造砂轮的主要原料，它起着切削的作用。因此，磨料必须锋利并具备较高的硬度和一定的韧性，磨料可分为天然磨料和人造磨料两大类。常用的天然磨料有天然金刚石和金刚砂；人造磨料又可分为刚玉类、碳化硅类和人造金刚石。其中，刚玉类常见的有棕刚玉（GZ）和白刚玉（GB），其主要成分是氧化铝。棕刚玉的外观颜色为棕色，其特点是硬度高、韧性好，可用于碳素钢、合金钢、可锻铸铁和硬青铜的磨削加工。白刚玉的外观颜色为白色，其特点与棕刚玉相比硬度较高、韧性较低、自锐性好，以及磨削时发热少，可用于精磨淬火钢、高碳钢和高速钢的磨削加工。根据颜色不同，碳化硅类可分为黑色碳化硅（TH）和绿色碳化硅（TL），其主要成分为碳化硅。黑色碳化硅外观颜色为黑色或深蓝色，硬度比白刚玉高、脆性高而锋利、导热性和导电性良好，可用于铸铁、黄铜和铝的磨削加工。绿色碳化硅外观为绿色，其硬度和脆性都比黑色碳化硅要高，导热性和导电性好，可用于硬质合金和发动机气缸套的磨削加工。人造金刚石外观为无色透明或淡黄色、黄绿色和黑色，其硬度较高、比天然金刚石脆，可用于硬质合金和其他高硬度材料的磨削加工。磨料的粒度，即磨料颗粒的大小也是砂轮的一个重要指标，用粒度号来表示。

在砂轮中用以黏结磨料的物质称为结合剂。常用的结合剂主要有陶瓷结合剂（A）、树脂结合剂（S）、橡胶结合剂（X）和金属结合剂（J）。陶瓷结合剂由黏土、长石、滑石、硼玻璃和硅石等陶瓷材料配制而成；树脂结合剂采用人造酚醛或环氧树脂配制而成，橡胶结合剂采用人造橡胶配制而成，并具有很好的抛光性能；金属结合剂采用的是青铜。

砂轮的硬度也是砂轮的一个重要指标，是指砂轮表面的磨粒在外力的作用下脱落的难易程度，易脱落的称为软砂轮，不易脱落的称为硬砂轮。磨削硬金属及有色金属材料时，选用软砂轮；磨削软金属时，选用硬砂轮。硬度等级分为软（R）、中软（ZR）、中（Z）、中硬（ZY）和硬（Y）。示例：GB（磨料）60#（粒度）ZR1（硬度）A（结合剂）P（形状）400×50×203（外径×宽度×内径，单位均为mm）。

磨床能完成高精密度和表面粗糙度很小的磨削，也能进行高效率的磨削，如强力磨削等。用于磨削样品分析面的磨床为平面磨床，平面磨床主要是采用砂轮旋转研磨工件以使其样品分析面的平整度达到要求，可分为手摇磨床和大水磨。手摇磨床适用于加工较小尺寸及较高精密度的工件，可加工弧面、平面、槽等各种异形工件；大水磨适用于较大工件的加工，加工精密度不高。在光电直读光谱法制样过程中，只需要对样品进行平面加工，因此，只需要具有平面加工的普通磨床即可，而分析人员也只需要掌握平面磨削加工技术。

2. 光谱磨样机

光谱磨样机是在制备光谱试样过程中，用于光谱试样抛光的主要光谱设备。其原理和平面磨床相似，从某种意义上说，它就是一种平面磨床。它包括光谱砂轮磨样机、砂纸磨样机和砂轮片光谱磨样机等。它采用一定尺寸的砂纸、砂轮及专门开发的自动化研磨技术，可连续平稳运转而不需要人为干预，可通过步进电动机和模拟测距仪的精确控制，确保精确的研磨度。在光谱分析中，光谱磨样机主要用于钢铁样品制样。样品经过光谱磨样机磨光后，可获得光亮如镜的表面，并且纹路一致，其分析面的表面粗糙度比切削加工好得多，更有利于光谱精确分析。用光谱磨样机磨削分析样品时要注意，由于光谱磨样机砂带的材料一般是氧化铝或硅化物，所以对分析样品中铝、硅等元素的测定有影响。新旧砂带磨制同一试样的纹理深浅不一的缺点，也对分析结果有不同程度的影响，而且砂带更换频繁，耗费大量时间，在光谱磨样机附属材料配备时可配置一块氧化锆砂轮片。在样品磨削过程中，采用氧化锆砂轮片进行磨样可解决上述问题。由于光谱磨样机操作和维修简单，现已广泛应用于光电直读光谱法的检测中。

在安装光谱磨样机时要注意以下几点：首先必须安装在干燥处；其次要调整水平度，检查各部件是否完好，固定地角用的螺栓必须旋紧；最后接通电源，并注意地线应可靠接地，观察电动机运转是否正常。如果使用三相电源，要注意电动机是否正反转，经试车正常后方可使用。在使用过程中，每次开机前，要检查机器是否完好，并用手转动磨盘，检查转动是否灵活。对于除尘装置，应视使用情况，定期清扫吸尘器内的粉尘，如更换吸尘器，应选择工业用吸尘器。在更换砂轮片时，要注意锁紧螺钉。在磨样时，应该抓紧样品，防止样品飞出；防止样品过热而烫伤皮肤。为了安全，操作时请勿佩戴手套。在运转过程中，若发现异常声音或其他反常现象，要立即停车检查，待问题修复后，方可继续使用。制样完毕后，必须切断电源，并做好日常维护保养及周围清扫工作，保持机器和室内的清洁。

钢铁等黑色金属样品，可采用氧化铝、粒度为360#的砂轮片的磨样机，将样品分析面磨平，以除去表面氧化层，要求试样表面平整、干净、无油污。用光谱磨样机磨样时，对于待测样品和标准样品要力求磨样操作一致，如果用力过大或不均匀，则易使样品表面在空气中吸附氧气而生成氧化物，出现分析表面变黑或变蓝的现象，在磨样过程中，分析面的磨纹要求一致，不应有交叉纹。试样磨后放置时间不宜过长，否则会造成试样表面氧化，影响分析结果。若磨制试样过热，可用流水冷却后再继续磨制表面，若试样表面润湿的话，应擦拭后使其表面干燥，以便在氩气氛围下激发。

2.3.6 样品压制方法

在光电直读光谱法中，样品压制技术就是在室温下把样品放在冷挤压模腔内，采用冷挤压方式，产生塑性变形而制成的规则样块。制样所采用的设备是压样机。目前适合该方法制样的黑色金属材料有碳素钢和合金钢；有色金属材料有金、银、铅、锡、铝、铜、锌、镁等及其合金。

目前，压样机是 X 射线荧光光谱仪配套的专用制样设备。按压力可分为低压压样机、中高压压样机。

低压压样机可分为手动液压压样机（见图 2-9）、全自动液压压样机。手动液压压样机的工作原理是通过杠杆（手柄）和油路的加压系统来放大压力进行压样，其自身仪表能够清楚地显示出压样工作压力。该设备一般吨位比较小，有 10kN、20kN、120kN、200kN 等规格，适用于小型零部件的压入、成形、装配、铆合、打印、冲孔、切断、切角、变曲、烫金、印花等。机身是由重型弧焊接钢做成的，便于根据各种实际使用需要修改。钢瓶是由重壁管做成的，而且是无缝连接以防液体泄漏，外壳被抛光，可以长期使用而不发生褪色现象。

中高压压样机只有全自动液压压样机（见图 2-10）。全自动液压压样机的工作原理：采用内模式压样电动机带动液压泵转动，抗磨液压油在液压泵的驱使下进入集成液压管道模块，PLC 控制不同电磁阀的开通和关断，从而使液压油推动液压缸活塞上升或者下降。它由起动电动机、顶杆上升、加压、保压、自动计时、卸压、顶杆下降和停机等压样程序组成，即只要按一次按钮，活塞推动压片模具压头运动，在模具外套和压盖的共同作用下制出合格的样片。该设备制样分为自动缓加压过程和自动缓卸压过程。自动缓加压过程就是在空行程时顶杆快速上行。当顶杆接近样品时，顶杆开始缓慢上行直至设定压力值。这样既可以慢慢排出模具间的空气，又可以保证样品受力均匀，提高样片质量。自动缓卸压过程就是当保压时间结束时开始缓慢卸压，卸压结束后顶杆缓慢下行（因为在压样时样品被大力挤压，若顶杆快速下行，样品与顶杆之间形成真空会拉散样品）。当顶杆离开样品面后，压头快速下行，提高压样效率。此外，该设备的液压系统中采用了特别设计的集成液压管道模块。不仅使组装更加方便，而且减少了漏油情况的发生。该设备还可以事先设置压力和保压时间，有的设备还可以实现自动脱模。该设备一般吨位比较大，有 200kN、400kN、600kN 和 800kN 等规格。该设备适用于钢环、硼酸模具、铝杯、低压聚乙烯和塑料环等各种模具压样，可以应用于光电直读光谱法的粉末、钻屑、小件、细丝和箔样的样品制备，样品制样可采用铝杯压样法或者钢环压样法。

图 2-9　手动液压压样机

图 2-10　全自动液压压样机

在光电直读光谱法中，对于不规则样品，如粉末、钻屑、小件、细丝和箔样，无法直接采用车削、铣削或磨削等方式将其加工出一个表面积足够大的分析平面，并且没有合适的夹具来解决在分析过程中漏气和样品被击穿的问题。遇到这样的问题该怎么办？是否可以利用金属的延展性来做文章？回答是肯定的，可以采用样品压制技术来解决。压片法就是利用外力将不规则金属样品压制成一个具有一定尺寸和厚度的圆形样片，采用的加工方法为挤压模式。采用的圆形样片的直径为 40mm，厚度为 4mm。样品压制技术有两种方法，一种是直接压片法，另外一种是粉末压片法。直接压片法就是利用金属样品在外力作用（压样机）下产生的塑性变形来获得具有一定表面积的分析平面的制样方法，如一些异形零部件、棒材和管材等。粉末压片法就是样品经过研磨后达到一定的粒度（<74μm），并将它置于压模内，然后施加一定压力（400kN）后，形成具有一定尺寸、形状和一定密度及强度的圆形样片的

制样方法。

上述方法的关键，就是利用了金属的延展性，将不规则样品制成一个圆柱形样片，解决了分析过程中漏气和样品被击穿的问题。目前，压片法广泛用于红外定性分析和结构分析，如 KBr 压片法。同时，压片法在 X 射线荧光光谱法的非金属材料分析方面也得到广泛应用，如粉末压片法。但是在光电直读光谱法领域，金属样品的压制依靠材料固有的延展性和黏结性来解决样品成块问题，即不需要添加任何黏结剂，因此也不会考虑黏结剂给分析带来的干扰。引用此方法不仅扩大了金属固体粉末样品的分析范围，提高了制样的水平，而且大大降低了制样的成本。

对于细丝和超小件样品，如果采用直接压样法，样品难免会因为太小而在压制过程中产生一定的空隙，在分析激发过程中会产生一定程度的泄漏。为了避免这种情况的发生，建议采用铝杯为模具再次进行压片，也就是说，样品经过铝杯包裹后可以解决分析激发过程中的漏气问题。为什么要选择铝杯？因为光电直读光谱法要求样品具有导电性，上述模具只有钢环和铝杯具有导电性。上述样品的金属粉末颗粒在小于 $75\mu m$ 时可以密闭压紧；而颗粒较大的其余样品，使用钢环虽然可以压成块状，但是样品分析面背面可能还存在一定的空隙，在分析过程中可能会产生漏气而导致结果失真，因此，建议样品采用铝杯作为模具。光电直读光谱仪要求分析样品的表面口径达到 25mm 以上，因此，铝杯压样法选择的铝杯直径必须大于 25mm。由于这种设备配备的铝杯直径一般为 40mm，因此完全可以覆盖激发孔隙。在选择厚度时必须保证样品可以连续激发十次。一般来说，厚度达到 $3\sim4mm$ 就可以保证样品不被击穿。为了保证样品周围密封不漏气，可以对样品周围进行包边处理，因此铝杯的高度选择 7mm 即可满足要求，选择铝杯的规格为 40mm×7mm。粉末样品装入铝杯或钢环中，在相应的模具中加压成型。铝杯压样法具体压样方法如下：先将铝杯置于压样机模具筒中，取适量的样品倒入模具筒中，高于铝杯高度并保证样品平整均匀，将碳化钨压片光面朝下，放入模具筒中，将压头盖好后闭合摆臂，向下旋转调节栓至压头 1mm 左右（留 1mm 是为了方便推开摆臂），设定好压力和保压时间，按动设备"运行"按钮，即可进行自动压样。压样结束后移开摆臂，再次按"运行"按钮，压好的样片会自动顶出，同时，顶杆下降回到初始位置，为下次压样做好准备。经压制后的样品表面光滑、无裂缝、不松散，并露出金属光泽，这种样品表面完全符合光电直读光谱法的分析要求。

2.3.7　样品夹具夹持方法

不规则样品的加工方式，同样可以采用磨削、铣削、车削等加工方式制样，即加工一个平整的金属面。但是，对于尺寸太小的样品，无论怎么加工都无法覆盖激发孔。根据光谱仪的型号不同，其激发孔主要有 $\phi8mm$、$\phi12mm$ 和 $\phi15mm$ 等几个规格。也就是说，上述不规则样品加工的金属面的最小边长或直径小于上述激发孔直径，导致无法完全覆盖激发孔，从而影响测定。

夹具夹持法就是采用各种光谱夹具解决球、管、线和棒状样品在光电直读光谱法激发过程中不能完全覆盖激发孔的一种方法。光谱夹具是一个辅助工具，它可为样品提供一个相对平面。由于它是一个密封体，可在光谱激发过程中保证样品保持在氩气气氛中。

多功能光谱夹具是一种可以拆卸及任意组合的夹具，是融合了传统的立式和卧式夹具的原理改进而成的，可以根据样品的外观形状来选择不同的功能，其示意图如图 2-11 所示。

多功能光谱夹具利用卧式光谱夹具原理，通过螺栓来固定钢珠样品固定柱，从而完成球状样品的测定。其具体分析过程如下：对于圆形球状样品，在分析前首先将其转换成圆柱形状样品，然后用定位器的螺栓将其固定在夹具的中心位置。通过上述的改进解决了圆形球状样品不能直接上机分析的问题。该方法采用 316L 不锈钢管及弹簧将钢珠样品固定在钢管端，完成了钢珠样品由球形向圆柱形的转变。例如，分析 ϕ5.5mm 的钢珠，选择内径为 6.0mm 的不锈钢自制配件，将钢珠样品从攻螺纹一端放入，然后放入弹

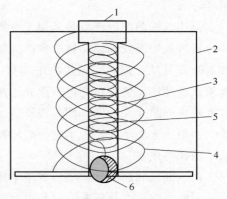

图 2-11　多功能光谱夹具示意图
1—定位器　2—外罩　3—钢珠
样品固定柱　4—压板弹簧
5—钢珠样品固定弹簧　6—钢珠样品

簧，旋紧螺栓将其弹簧压紧，将钢珠样品完全固定在钢管的紧口处。将钢珠在砂轮上轻轻地磨削出一个平面，经无水乙醇处理并晾干后，放入该光谱夹具中，采用螺栓将其固定夹具定位准确后可直接上机分析。316L 不锈钢管内径规格为 3.5mm、4.0mm、4.5mm、5.0mm、5.5mm、6.0mm、6.5mm、7.0mm、7.5mm、8.0mm、8.5mm、9.0mm、9.5mm、10.0mm。对于钢管壁厚为 0.5mm 的 316L 不锈钢管及弹簧，截取长度为 3mm 左右，将钢管的一端紧扣 1mm 左右防止钢珠滚出；针对钢管的另一端对其内径进行攻螺纹处理，并配备合适的螺栓。该夹具可用于外径为 2.5~10mm 的钢珠样品测定。钢珠样品固定柱材料之所以选择 316L 不锈钢管材，是因为在火花放电激发过程中会产生大量热量，而一般材料受热后，钢管紧扣处易变软，钢珠样品容易在弹簧外力作用下从紧扣处弹出。因此，固定钢珠样品的材料必须具有一定的耐热性。钢珠样品固定柱示意图如图 2-12 所示。

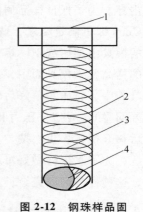

图 2-12　钢珠样品固定柱示意图
1—螺栓　2—样品筒　3—样品
固定弹簧　4—钢珠样品

多功能光谱夹具利用卧式夹具的原理，通过更换样品压板来完成棒线材、管材和片材的测定。棒线材一般指横截面形状为圆形、方形、六边形、八边形等简单图形，长度相对横截面尺寸来说比较大，并且通常都是以直条状供应的一种材料产品。线材是指直径为 5~22mm 的热轧圆钢或者与此断面相当的异形钢。因以盘条形式交货，故又通称为盘条。在生产过程中，该产品统称"棒线材"。棒线材样品可以用作分析面的有两个位置，一个是断面，另一个是侧面。在光谱检测时，一个是面接触，另一个是线接触。在大部分情况下，选择圆形棒线材样品的断面作为分析面，当样品外径大于激发孔外径时，属于规则样品，可以直接测定；当样品外径小于激发孔外径时，属于不规则样品，需要借助立式夹具（见图 2-13）进行测定。借助该夹具时，首先要用定位盘与光谱仪上的 V 形板进行定位，当电极顶端对准样品断面中心位置

时才能进行测定。当样品外径小于 3mm 时，由于激发面积较小并且样品定位困难，不能采用该法进行测定，只能选择侧面进行分析。如果选择圆形棒线材样品侧面作为分析面，就要先将样品侧面进行处理，即将样品与平面的接触面由细线变成粗线，以此来获得分析平面。此时获得的样品分析平面仍然不能完全覆盖激发孔，还必须采用卧式光谱夹具来解决激发孔的覆盖问题，因此它还是不规则样品。具体方法是先将样品分析面对准电极，然后将夹具（把夹具中钢珠样品固定柱拆除）放在样品上，用光谱夹具的样品压板将其压紧即可。夹具内部的样品压板（弧形凹槽的设计）及背面的弹簧可将样品完全固定在激发台上。样品外罩是一个完全密封的圆桶，从而获得一相对平面来满足该样品激发所需的条件。样品分析面的面积较大时，可以采用多点激发。该夹具可以测定外径大于 1mm 的样品。多功能光谱夹具通过卧式夹具（见图 2-14）的原理来解决棒线材样品的激发孔覆盖问题。

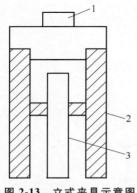

图 2-13　立式夹具示意图

1—定位器　2—外罩　3—样品

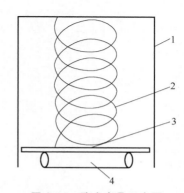

图 2-14　卧式夹具示意图

1—外罩　2—弹簧　3—压板　4—管材样品

　　管材是指外观上两端开口并具有中空断面，而且长度与断面周长之比较大的材料。在工业生产和生活中，以简单断面管中的圆形管为多。对于圆形金属管样品来说，样品的截面是圆，并且中心是空的，所以一般情况下无法选择截面作为分析面，只能选择样品的侧面作为分析面，该样品属于不规则样品。如果其管壁尺寸大于激发孔内径，断面只需要磨制就可以直接分析，此时该样品属于规则样品。具体办法与棒材样品一样，采用夹具的卧式功能对样品的侧面进行分析。另外要注意，焊接钢管样品是由卷成管状的钢板采用对缝或螺旋缝焊接工艺制成的钢管，按焊缝形式的不同可分为直缝焊管、螺旋焊管。对于这类样品在选择分析面时应该远离焊缝。

　　片材样品也具有一个分析面，与平面的接触也属于面接触。该样品大多数属于规则样品，但是当其宽度小于激发孔内径时，则无法完全覆盖激发孔，此时它属于不规则样品。因此必须借助卧式光谱夹具功能来获得相对平面，从而保证完成分析。由于片状样品表面积较大，多功能光谱夹具的压板可以采用平面压板来固定样品，解决了样品的激发孔覆盖问题。片状样品分析示意图如图 2-15 所示。

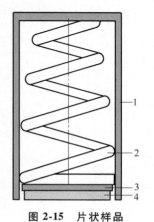

图 2-15　片状样品

分析示意图

1—外罩　2—弹簧

3—压板　4—片状样品

　　多功能光谱夹具就是借助卧式光谱夹具的工作原理，将其固定的样品压板改为可拆卸结构。然后，根据样品的外观，配制不同类型的样品压板（不同内径的弧形凹槽压板及平面压板），以完成棒、线、管、片材样品在火花放电原子发射光谱中的应用。另外，该夹具的压板中间有一个和激发孔大小相同的圆孔，可避免样品压板被误激发；其弹簧采用塔式设计来保证受力均匀；压板材料选用散热性较好的 6061 铝合金板，以保证连续激发过程中压板不变形；压板厚度为 2mm，以保证压板在使用一段时间后不变形，其中间配有不同尺寸的弧形凹槽来固定不同规格的样品。夹具外罩采用散热较快的 H65 黄铜材料，以免样品在连续激发后产生的热量导致外罩变形而漏气，或发生烫伤操作人员的事故。

第 3 章

标准分析方法与标准物质及标准样品

3.1 标准分析方法

3.1.1 标准及其分类

1. 标准

GB/T 20000.1—2014《标准化工作指南 第 1 部分：标准化和相关活动的通用术语》中对"标准（standard）"的定义是：通过标准化活动，按照规定的程序经协商一致制定，为各种活动或其结果提供规则、指南或特性，供共同使用和重复使用的文件。标准宜以科学、技术和经验的综合成果为基础。规定的程序指制定标准的机构颁布的标准制定程序，诸如国际标准、区域标准、国家标准等，由于它们可以公开获得，以及必要时通过修正或修订保持与最新技术水平同步，因此它们被视为构成了公认的技术规则，其他层次上通过的标准，诸如专业协（学）会标准、企业标准等，在地域上可影响几个国家。

该定义包含以下几个方面的含义：

1）标准的本质属性是一种"统一规定"。这种统一规定是作为有关各方"共同遵守的准则和依据"。

2）标准制定的对象是重复性事物和概念。这里讲的"重复性"指的是同一事物或概念反复多次出现的性质。例如，批量生产的产品在生产过程中的重复投入、重复加工、重复检验等；同一类技术管理活动中反复出现同一概念的术语、符号、代号等被反复利用等。只有当事物或概念具有重复出现的特性并处于相对稳定的状态时才有制定标准的必要，使标准作为今后实践的依据，以最大限度地减少不必要的重复劳动，同时又能扩大"标准"重复利用范围。

3）标准产生的客观基础是"科学、技术和经验的综合成果"。这就是说，标准既是科学技术成果又是实践经验的总结，并且这些成果和经验都是经过分析、比较、综合和验证基础上加以规范化，只有这样制定出来的标准才能具有科学性，并以促进最佳的社会效益和共同经济效益为目的。

4）制定标准过程要"经有关方面协商一致"，就是制定标准要发扬技术民主，与有关方面协商一致，做到"三稿定标"，即征求意见稿、送审稿、报批稿。例如，制定产品标准不仅要有生产部门参加，还应当有用户、科研、检验等部门参加，共同研究讨论"协商一致"，这样制定出来的标准才具有权威性、科学性和适用性。

5）标准文件有其自己一套特定格式和制定颁布的程序。标准的编写、印刷、幅面格式和编号、发布的统一，如分析方法的标准都须按 GB/T 20001.4—2015 规定的格式进行编写。这样既可保证标准的质量，又便于资料管理，体现了标准文件的严肃性。所以标准必须"由主管机构批准，以特定形式发布"。标准从制定到批准发布的一整套工作程序和审批制度，是使标准本身具有法规特性的表现。

国际标准化组织（ISO）的标准化管理委员会（STACO）一直致力于标准化概念的研究，先后以"指南"的形式给"标准"的定义做出统一规定：标准是由一个公认的机构制定和批准的文件。它对活动或活动的结果规定了规则、导则或特殊值，供共同和反复使用，以实现在预定领域内最佳秩序的效果。

2. 标准的分类

标准的制定和类型按使用范围大致划分为国际标准、区域标准、国家标准、行业标准、地方标准和企业标准。

（1）国际标准　由国际标准化组织或国际标准组织通过并公开发布的标准。

（2）区域标准　由区域标准化组织或区域标准组织通过并公开发布的标准，如欧盟标准（EN）。

（3）国家标准　由国家标准机构通过并公开发布的标准。如中国国家标准（GB）、美国国家标准（ANSI）、英国标准（BS）、日本工业标准（JIS）、俄罗斯国家标准（GOSTR）等。

（4）行业标准　由行业机构通过并公开发布的标准。行业（专业）或协会标准，如我国的黑色冶金行业标准（YB）、机械行业标准（JB）等。我国的行业标准由国务院有关行政主管部门负责制定。

（5）地方标准　在国家的某个地区通过并公开发布的标准。在我国，对没有国家标准和行业标准而又需要在省、自治区、直辖市范围内统一的工业产品的安全、卫生等要求可以制定地方标准。地方标准由省、自治区、直辖市标准化行政主管部门统一编制计划、组织制定、审批、编号和发布。

（6）企业标准　由企业通过并供该企业使用的标准。企业生产的产品没有国家标准和行业标准的，应当制定企业标准作为组织生产的依据，并报有关部门备案。

我国标准分为四级：国家标准（GB）、行业标准、地方标准（DB）及企业标准（QB）。可以确定的是，国家标准是我国企业和地方制定标准的基础和参考。

按照标准化对象不同，通常又把标准分为技术标准、管理标准和工作标准三大类。

（1）技术标准　对标准化领域中需要协调统一的技术事项所制定的标准，包括基础标准（一般包括名词术语、符号、代号、机械制图、公差与配合等）、产品标准、工艺标准、检测试验方法标准及安全、卫生、环保标准等。

（2）管理标准　对标准化领域中需要协调统一的管理事项所制定的标准。

（3）工作标准　对工作的责任、权利、范围、质量要求、程序、效果、检查方法、考核办法所制定的标准。

目前数量最多的是技术标准，它是对工农业产品和建设质量、规格、检验方法、包装方法及储运方法等方面所制定的技术规定，是从事生产、建设工作的共同技术依据。

按照成熟程度划分，有法定标准、推荐标准、试行标准、标准草案。

另外，GB/T 20000.1—2014 给出了一些常见的标准类别：基础标准、术语标准、符号标准、试验标准、规范标准、产品标准、过程标准、服务标准等。

（1）基础标准 具有广泛的适用范围或包含一个特定领域的通用条款的标准。基础标准可直接应用也可作为其他标准的基础。

（2）术语标准 界定特定领域或学科中使用的概念的指称及其定义的标准。术语标准通常包含术语及其定义，有时还附有示意图、注、示例等。

（3）符号标准 界定特定领域或学科中使用的符号的表现形式及其含义或名称的标准。

（4）试验标准 在适合指定目的的精确度范围内和给定环境下，全面描述试验活动及得出结论的方式的标准。试验标准有时附有与测试有关的其他条款，如取样、统计方法的应用、多个试验的先后顺序等。适当时，试验标准可说明从事试验活动需要的设备和工具。

（5）规范标准 规定产品、过程或服务需要满足的要求，以及用于判定其要求是否得到满足的证实方法的标准。

（6）产品标准 规定产品需要满足的要求以保证其适用性的标准。

（7）过程标准 规定过程需要满足的要求以保证其适用性的标准。

（8）服务标准 规定服务需要满足的要求以保证其适用性的标准。

3.1.2 标准方法的现状

我国于 1950 年开始建立统一的标准管理机构——国家科学技术委员会标准局，实行三级标准体系：国家标准、行业（部、专业）标准和企业标准。同一标准又分为暂行标准和正式标准。现在，国家标准是指由国家标准化主管机构批准发布，对全国经济、技术发展有重大意义且在全国范围内统一的标准。我国国家标准是在全国范围内统一的技术要求，由国务院标准化行政主管部门编制计划，协调项目分工，组织制定（含修订），统一审批、编号、发布。法律对国家标准的制定另有规定的，依照法律规定执行。国家标准的年限一般为5 年，超过年限后，国家标准就要被修订或重新制定。此外，随着社会的发展，国家需要制定新的标准来满足人们生产、生活的需要，因此标准是一种动态信息。

国家标准分为强制性国标（GB）和推荐性国标（GB/T）。国家标准的编号由国家标准的代号、国家标准发布的顺序号和国家标准发布的年号构成。强制性国标是保障人体健康、人身及财产安全的标准和法律及行政法规规定强制执行的国家标准，如 GB 4806.9—2023《食品安全国家标准 食品接触用金属材料及制品》。推荐性国标是指生产、交换、使用等方面通过经济手段或市场调节而自愿采用的国家标准，但推荐性国标一经接受并采用或各方商定同意纳入经济合同中时，就成为各方必须共同遵守的技术依据，具有法律上的约束性。

我国的国家标准包含：国家标准（GB 与 GB/T）、国家计量技术规范（JJF）、国家计量检定规程（JJG）、国家环境质量标准（GHZB）、国家污染物排放标准（GWPB）、国家污染物控制标准（GWKB）、国家内部标准（GBn）、工程建设国家标准（GBJ）及国家军用标准（GJB）等。截至 2023 年，我国共有国家标准 2 万多项（不包括工程建设标准）。

我国的国家标准主要由中国质检出版社（原中国标准出版社）出版。工程建设国家标准主要由中华人民共和国住房和城乡建设部发布。

3.1.3 分析方法的分类

标准分析方法属于试验标准（testing standard），是指"与试验方法相关的标准，有时附有与测试相关的其他条款，如抽样、统计方法的应用、试验步骤"，是标准体系中的重要组成部分。一个优良的分析方法必须具备高准确性、可靠性和适用性。它必须准确性好、精密度高、灵敏度高、检测限低、分析空白低、线性范围宽、基体效应小、耐变性强，同时又必须具备适用性强、操作简便、容易掌握、消耗费用低、不使用剧毒试剂等特点。

但在实际工作中，能完全满足上述要求的分析方法少之又少。通常可以将分析方法分为三类：权威分析方法、标准分析方法和现场分析方法。

1. 权威分析方法

权威分析方法也称为定义方法，一般是指绝对测量法，如质量法、滴定法、同位素稀释质谱法、库仑法等。绝对测量应满足以下条件：

1）有坚固的理论基础。

2）能以数学公式表述。

3）主要的测量参数是独立的。

4）准确度和精确度已进行确切考证。

2. 标准分析方法

标准分析方法通常又称为分析方法标准，它是经过充分试验、广泛认可而逐渐建立的，不需要额外工作获得有关精密度、准确度和干扰等知识整体。它是技术标准的一种，是权威机构对某项分析方法所做的统一规定的技术准则和各方面共同遵守的技术依据。它必须满足以下条件：

1）按照规定的程序编制。

2）按照规定的格式编写（GB/T 20001.4—2015）。

3）方法的成熟性得到公认，通过共同试验确定了方法的精密度和准确度。

4）由权威机构审批和颁布。

编制和推行标准分析方法的目的是保证分析结果的重复性、再现性和准确性，保证不同人员、不同实验室测量结果的一致性。

3. 现场分析方法

现场分析方法是指例行分析实验室、监测站、生产流程中实际使用的测量方法。分析化学不仅应用广泛，而且采用的方法也是多种多样。多年来人们从不同的角度，如根据分析任务、分析对象、试样用量、组分含量和分析原理的不同，对分析方法进行了分类。

（1）按分析任务分类 按分析任务可分为定性分析、定量分析和结构分析。定性分析的任务是鉴定物质由哪些元素、原子团或化合物组成；定量分析的任务是测定物质中有关组分的含量；结构分析的任务是研究物质的分子结构、晶体结构或综合形态。

（2）按分析对象分类 按分析对象可分为无机分析和有机分析。无机分析的对象是无机物质，有机分析的对象是有机物质。两者的分析对象不同，分析中使用的方法也多有不同。针对不同的分析对象还可以进一步分类，可分为冶金分析、环境分析、药物分析、材料分析和生物分析等。

（3）按试样用量分类 按试样用量可分为常量分析、半微量分析、微量分析和痕量分析，分类标准见表3-1。

（4）按组分含量分类 按组分含量可分为常量组分分析、微量组分分析和痕量组分分析，分类标准见表3-2。

（5）按分析原理分类 按分析原理可分为化学分析法和仪器分析法。以物质的化学反应及其计量关系为基础的分析方法称为化学分析法。化学分析法是分析化学的基础，又称为经典分析法，主要有质量分析法（称重分析法）和滴定分析法（容量分析法）等。

表 3-1 按试样用量分类的分类标准

分析方法	试样用量/g	试液体积/mL
常量分析	>0.1	>10
半微量分析	0.01~0.1	1~10
微量分析	0.001~0.01	0.01~1
痕量分析	<0.001	<0.01

表 3-2 按组分含量分类的分类标准

分析方法	试样用量/g
常量组分分析	>1
微量组分分析	0.01~1
痕量组分分析	<0.01

3.1.4 分析方法的标准化

GB/T 20000.1—2014《标准化工作指南 第一部分：标准化和相关活动的通用术语》对"标准化（standardization）"的定义是：为了在既定范围内获得最佳秩序，促进共同效益，对现实问题或潜在问题确立共同使用和重复使用的条款，以及编制、发布和应用文件的活动。标准化活动确立的条款可形成标准化文件，包括标准和其他标准化文件。标准化的主要效益在于为了产品、过程或服务的预期目的改进它们的适用性，促进贸易、交流及技术合作。

标准是标准化工作的结果。标准化工作是一项具有高度政策性、经济性、技术性、严密性和连续性的工作，开展这项工作必须建立严密的组织机构，这些组织机构所从事工作的特殊性要求它们的职能和权限必须受到标准化条例的约束。标准化还包含如下含义：

1）标准化是一项活动过程，这个过程是由三个关联的环节组成，即编制、发布和实施标准。标准化工作的任务就是制定标准、组织实施标准和对标准的实施进行监督。这是对标准化定义内涵的全面而清晰的概括。

2）这个活动过程在深度上是一个永无止境的循环上升过程，即制定标准、实施标准，以及在实施中随着科学技术进步对原标准适时进行总结、修订再实施。每循环一周，标准就上升到一个新的水平，充实新的内容，产生新的效果。

3）这个活动过程在广度上是一个不断扩展的过程。例如，过去只制定产品标准、技术标准，现在又要制定管理标准、工作标准；过去的标准化工作主要在工农业生产领域，现在已扩展到安全、卫生、环境保护、交通运输、行政管理、信息代码等。标准化正随着社会与科学技术进步而不断地扩展和深化自己的工作领域。例如，国家标准发展纲要中将特种设备（锅炉、压力容器、压力管道等）安全标准列为今后一段时期内我国标准化工作的重点项目之一。

4）标准化的目的是"获得最佳秩序和社会效益"。最佳秩序和社会效益可以体现在多方面，如在生产技术管理和各项管理工作中按照 GB/T 19000—2016 建立质量保证体系可保证和提高产品质量，保护消费者和社会公共利益；简化设计，完善工艺，提高生产率；扩大通用化程度，方便使用维修；消除贸易壁垒，扩大国际贸易和交流等。

ISO 对"标准化"的定义是：为了所有有关方面的利益，特别是为了促进最佳的全面经济效益并适当考虑产品使用条件与安全要求，在所有有关方面的协作下进行有秩序的特别活动，制定并实施各项规则的过程。

标准是构成国家核心竞争力的基本要素，也是规范经济和社会发展的重要技术制度。通过标准与标准化工作，以及相关技术政策的实施，可以整合和引导社会资源，激活科技要素，推动自主创新与开放创新，加速技术积累、科技进步、成果推广、创新扩散、产业升级及经济、社会、环境的全面、协调、可持续发展。标准和法规的负责机构的相关概念如下：

（1）标准化机构 公认的从事标准化活动的机构。

（2）区域标准化组织 成员资格仅向某个地理、政治或经济区域内的各国有关国家机构开放的标准化组织。

（3）国际标准化组织 成员资格向世界各个国家的有关国家机构开放的标准化组织。

（4）标准机构 根据自身章程的规定，以编制、批准或采用公开发布的标准为主要职能，在国家、区域或国际层次上公认的标准化机构。标准机构也可有其他的主要职能。

（5）国家标准机构 有资格作为相应国际标准组织和区域标准组织的国家成员，在国家层次上公认的标准机构。

（6）区域标准组织 成员资格仅向某个地理、政治或经济区域内的各国有关国家机构开放的标准组织。

（7）国际标准组织 成员资格向世界各国的有关国家机构开放的标准组织。

3.2　标准物质及标准样品

3.2.1　标准物质及标准样品的产生

标准物质和标准样品的研究、发布和使用是在 20 世纪初从冶金标准物质开始的。美国国家标准局（NBS）于 1906 年发布了第一批铸铁标准物质之后，又在 1911 年颁布了铜、铜矿石等标准物质。1916 年以后，英国、法国、德国、日本、苏联也相继开展了标准物质的研究工作。我国于 1952 年由上海材料研究所等单位研制并发布了第一批五种钢铁标准样品。

标准物质的广泛使用在保证各个领域中的测试数据可比性与一致性方面发挥了重要作用，确保了产品质量，提高了效率，促进了国际的协作与标准物质的研究，是现代化学计量的一个重要内容。

我国的金属材料标准物质或标准样品是我国国民经济各个领域广泛应用的测量标准之一，也是国内品种及数量最多的标准物质。随着科学技术的发展和各种新的测试技术的应用，尤其是现代分析仪器及新材料的高速发展，大大推动了标准物质的研制工作，截至 2023 年，仅钢铁和有色金属标准物质（标准样品）就已发布 3000 多种。

标准物质的种类繁多、应用领域广泛，其名称与分类缺乏一致性。因此，根据 20 世纪 70 年代后期欧洲经济共同体"建立高质量信息服务"的建议，为了便于实验室对所用标准物质的管理，法国国家计量院（INE）按易于计算机管理、便于使用者选用的原则对各种不同性能的标准物质进行编目，建立了一个计算机化的标准物质编码系统，由法文名称缩写为 COMAR。这种编码系统被介绍到国际标准化组织/标准物质委员会（ISO/REMCO）后引起广泛关注。ISO/REMCO 建议采用这个系统作为有证标准物质国际信息系统的基础，供全球的标准物质供应商和使用者查询及使用，以促进标准物质在世界范围的应用与推广，实现高质量的信息服务和进行国际合作与交流。

1990 年 5 月，由法国国家计量院、美国国家标准局［即现在的美国国家标准与技术研究院（NIST）］、英国政府化学家实验室（LGC）、德国联邦材料研究与测试研究所（BAM）、日本通商产业检查所（TTIII）、苏联全苏标准物质计量研究所（UNIMSO）及我国的国家标准物质研究中心（NRCCRM）等国家的实验室在法国巴黎签署了建立 COMAR 国际合作谅解备忘录。

在 COMAR 数据库中，有证标准物质按照黑色金属、有色金属、工业材料、物理特性、有机物、无机物、生活质量及生物和临床等八大主领域和十个支领域，对标准物质进行了较为全面和权威的分类（一级分类），各类别下共计有 70 多小类的标准物质（二级分类），对每一种标准物质的应用领域、有证标准物质名称、用途、包装、有证标准物质形状、元素成分、分子成分、物理技术特性、工程特性、有证标准物质研制者及研制国家等信息进行详细的记录。截至 2023 年，COMAR 信息库储存了 1.1 万多种标准物质信息，提供信息的国家也由创始时的 7 个国家发展到 25 个国家，涉及全球 220 个生产主体。各国在 COMAR 中标准物质的录入数量基本反映了各国在标准物质研制领域的现状和地位。我国的国家一级标准物质均录入 COMAR。自 2003 年 3 月起，COMAR 信息库（https://www.comar.bam.de）通过互联网为世界范围内标准物质的研制和发展免费提供了宝贵的、最新的权威信息。

3.2.2　标准物质及标准样品的定义

在我国 2016 年出版的 JJF 1005—2016《标准物质通用术语和定义》中，等同采用了 ISO Guide 30：2015 中对"标准物质"的定义。该定义是在 20 世纪 80 年代基于主要标准物质研制者和使用者群体的需求和经验，由包括国际计量局（BIPM）和国际标准化组织在内的 7 个国际组织共同制定的。由于种种原因，目前在我国标准文件中对"RM"存在标准物质和标准样品两种称谓。

1. 标准物质的定义

1）标准物质（reference material，RM）是具有一种或多种足够均匀和很好地确定了的特性，用以校准测量装置、评价测量方法或给材料赋值的一种材料或物质。

2）有证标准物质（certified reference material，CRM）是附有认定证书的标准物质，其一种或多种特性量值由建立了溯源性的程序确定，使之可溯源到准确复现的表示该特性值的测量单位，每一种认定的特性量值都附有给定置信水平的不确定度。

由标准物质和有证标准物质的定义可以看到，标准物质应被理解为一个"家族名称"，即它是有证标准物质及其他类别标准物质的集合，而有证标准物质则是标准物质的子集，即有证标准物质一定是标准物质，但标准物质不一定是有证标准物质。在有证标准物质定义中，清晰地阐述了"有证"的含义及其与普通标准物质的区别，即有证标准物质的证书是研制者向使用人员提供的量值溯源性申明和质量保证，承诺书也是向使用人员提供足够的技术信息和指导正确使用标准物质的说明书。其中，标准物质证书最重要的作用就是说明溯源性，并阐述标准物质的量值及不确定度。因此，有证标准物质证书并不是任意一个实验室的普通证书可以替代的。

在我国，有证标准物质必须经过国家计量行政主管部门的批准和审批，其作为计量器具实施法制管理。依据《中华人民共和国行政许可法》，标准物质定级评审属于国家行政许可项目。

2. 标准样品的定义

在《〈中华人民共和国标准化法〉释义》对标准样品给出的解释是：标准样品是实物标准，是保证标准在不同时间和空间实施结果一致性的参照物，具有均匀性、稳定性、准确性和溯源性。标准样品是实施文字标准的重要技术基础，是标准化工作中不可或缺的组成部分。

GB/T 15000.2—2019 中对标准样品和有证标准样品作了如下定义：

1）标准样品（reference material，RM）是具有一种或多种规定特性足够均匀且稳定的材料，已被确定其符合测量过程的预期用途。

标准样品是一个通用术语。特性可以是定量的或定性的（如物质或物种的特征属性）；用途可包括测量系统的校准、测量程序的评估、给其他材料赋值和质量控制。ISO/IEC Guide 99：2007 有类似的定义（5.13），但限定"测量"术语仅用于定量的值，然而，ISO/IEC Guide 99：2007（5.13）的注 3 中明确包括定性特性，称作"标称特性"。

2）有证标准样品（certified reference material，CRM）是采用计量学上有效程序测定的一种或多种规定特性的标准样品，并附有证书提供规定特性值及其不确定度和计量溯源性的陈述。

值的概念包括标称特性和定性属性，如特征或序列，该特性的不确定度可用概率或置信水平表示。标准样品生产和定值所采用的计量上有效程序已在 GB/T 15000.7—2021 和 GB/T

15000.3—2023 中给出。GB/T 15000.4—2019 中给出了证书内容的编写要求。ISO/IEC Guide 99：2007（5.14）也有类似的定义。

从以上定义来看，就冶金、有色金属等行业而言，二者没有本质区别其英文的描述也是相同的（RM、CRM）。在我国，标准化工作者习惯上将其称为"标准样品"，简称"标样"；计量工作者则更愿意将其称为"标准物质"，简称"标物"。在与实验室管理密切相关的现行《实验室资质认定准则》和《检测和校准实验室认可准则》中也更多使用后者。实际上，对研制人员而言，两者的研制程序是基本相同的，对其内在质量要求也是一样的。对使用者而言，其作用也是基本相同的，不同的是目前管理的程序有所不同，分属不同的管理机构。

3.2.3　标准物质及标准样品的分类、分级和管理

1. 标准物质

（1）标准物质分类　我国标准物质分为13类，一般按其定值的特性进行分类，也按标准物质的应用部门或领域进行分类，或者按其生产、使用和管理标准物质的实际情况进行分类。标准物质的13类分别为钢铁、有色金属、建筑材料、核材料与放射性、高分子材料、化工产品、地质、环境、临床化学与医药、食品、能源、工程技术、物理学与物理化学。

（2）标准物质分级　标准物质特性量值的准确度是划分其级别的主要依据。此外，均匀性、稳定性和用途等对不同级别的标准物质也有不同的要求。从量值传递和经济观点出发，常把标准物质分为两个级别，即一级（国家级）标准物质和二级（部门级）标准物质。一级标准物质主要用来标定比它低一级的标准物质或者用来检定高准确度的计量仪器、用于评定和研究标准方法或在高准确度要求的关键场合下应用。二级标准物质或工作标准物质一般是为了满足本单位的需要和社会一般要求的标准物质，作为工作标准直接使用，作为现场方法的研究和评价日常实验室内质量保证及不同实验之间的质量保证，即用来评定日常分析操作的测量不确定度。

一级标准物质由国家计量机构或经国家计量主管部门确认的机构制备，采用定义法或其他准确、可靠的方法对其特性量值进行计量。计量的准确度达到国内最高水平并相当于国际水平。

二级标准物质由工业主管部门确认的机构制备，采用准确、可靠的方法或直接与一级标准物质相比较的方法对其特性量值进行计量。计量准确度能满足现场计量的需要。

一级标准物质的代号以国家标准物质中"国""标""物"的汉语拼音首字母"GBW"表示；二级标准物质在"GBW"上加上"二"的汉语拼音首字母，以 GBW（E）表示。示例：GBW02140J；GBW（E）020012。

（3）标准物质的编号　一种标准物质对应一个编号。当该标准物质停止生产或停止使用时，该编号不再用于其他标准物质；当该标准物质恢复生产和使用时仍启用原编号。

标准物质代号"GBW"冠于编号前部，编号的前二位是标准物质的大类号（其顺序与标准物质目录编辑的物质顺序一致）。第三位数是标准物质的小类号，每大类标准物质分为1~9个小类。第四、五位是同一小类标准物质中按审批的时间先后顺序排列的顺序号。最后一位是标准物质的生产批号，用英文小写字母表示，批号顺序与英文字母顺序一致。

2. 标准样品

（1）标准样品的分类　国家标准样品分为 16 类，按行业进行分类，由两位阿拉伯数字组成。国家标准样品行业分类编号见表 3-3。

表 3-3　国家标准样品行业分类编号

分类号	分类名称	分类号	分类名称
01	地质、矿产成分	09	核材料成分分析
02	物理特性与物理化学特性	10	高分子材料成分分析（塑料、橡胶、合成纤维、树脂等）
03	钢铁成分	11	生物、植物、食品成分分析
04	有色金属成分	12	临床化学
05	化工产品成分（工业和化学气体、农药、化肥、试剂、助剂）	13	药品（西药、中药、草药、生物药品等）
06	煤炭石油成分和物理特性	14	工程与技术特性
07	环境化学分析（水、空气、土壤等）	15	物理与计量特性
08	建材产品成分分析（水泥、玻璃、陶瓷、耐火材料等）	16	其他（上述未能涵盖的）

（2）标准样品的分级　我国标准样品分为国家标准样品和行业标准样品，都属于"有证标准样品"，行业标准样品并不一定在水平上低于国家标准样品，主要因创新性及批准的主管部门不同而异。

（3）标准样品的编号

1）国家标准样品的编号。国家实物标准样品的编号以国家实物标准中"国""实""标"的汉语拼音首字母"GSB"作为国家实物标准的代号，加上《标准文献分类法》的一级类目、二级类目的代号与二级类目范围内的顺序号、年代号相结合。

2）行业标准样品的编号。各个行业标准样品有各个行业的编号规则，冶金标准样品以代号"YSB"表示，有色金属标准样品以代号"YSS"表示。目前冶金行业的行业标准样品的品种及数量最多，因此以冶金行业为例做简要介绍。

冶金行业标准样品代号（YSB）按国家标准样品代号（GSB）的取义方式进行，即取"冶金行业"的第一个字汉语拼音首字母"Y"代替"国家"的第一个字汉语拼音首字母"G"，后面两位汉语拼音与字母"SB"相同，该代号（YSB）同时作为生产审查认可标记，经过审查认可的研制、生产单位生产的标准样品包装、质量证明书上才可使用该标记。

3. 标准物质的管理

我国按照《中华人民共和国计量法》《中华人民共和国计量法实施细则》及《标准物质管理办法》规定，将标准物质作为计量器具实施法制管理。我国企事业单位制造标准物质时必须具备与所制造的标准物质相适应的设施、人员和分析测量仪器设备，并向国务院计量行政部门申请办理《标准物质制造计量器具许可证》；对于标准物质新产品，由全国标准物质管理委员会组织对申请单位的能力考核，并对所申报标准物质的定级评审以取得标准物质定级证书。依据《中华人民共和国行政许可法》，标准物质的定级鉴定属于国家计量行政部门的行政许可项目。

3.2.4　标准物质的特性

标准物质及标准样品的定义及条件基本相同，以下统称为标准物质。

均匀性、稳定性、可溯源性构成了标准物质的三个基本特性，其具体表现为：

（1）量具作用　标准物质可以作为标准计量的量具进行化学量值在时间和空间上的传递。

（2）特性量值的复现性　每一种标准物质都具有一定的化学成分或物理特性的保存和复现，这些特性量值与物质的性质有关，而与物质的数量和形状无关。

（3）自身的消耗性　标准物质又不同于技术标准、计量器具，它是一种实物标准，在进行比对和量值传递过程中会逐渐消耗。

（4）标准物质品种众多　物质的多种性和测量过程中的复杂性决定了标准物质的品种众多，仅化学成分标准物质就已达到数以千计，同一元素的量值范围可跨越十几个数量级。

（5）比对性　标准物质大多采用绝对法等准确、可靠的测定方法协作定值，即采用几个、十几个实验室共同比对的方法来确定标准物质的标准值。高等级标准物质可以作为低等级标准物质的比对参照物，标准物质都是作为"比对参照物"发挥其标准的作用。

（6）特定的管理要求　标准物质因其种类和特性不同，对储存、运输、保管和使用都有不同的特殊要求，这样才能保证标准物质的标准作用和标准值的准确度，否则就会降低和失去标准物质的标准作用。

（7）可溯源性　可溯源性指通过具有规定的不确定度的连续比较链使得测量结果或标准的量值能够与规定的参考基准（通常是国家基准或国际基准）联系起来的特性。实验室应该控制并且校准或检定一定数量的仪器以确保所开展的测量的溯源性，但在所有具体必要的环节中做到这一点是非常困难的。此项工作通过使用已建立了溯源性的有证标准物质可被大大简化。标准物质作为实现准确一致的测量标准在实际测量中应用。用不同级别的标准物质按准确度由低至高逐级进行量值追溯，直到国际基本单位的过程称为量值的"溯源过程"。反之，从国际基本单位逐级由高至低进行量值传递至实际工作中的现场应用的过程称为量值的"传递过程"。通过标准物质进行量值的传递和追溯构成了一个完整的量值传递和溯源体系。

3.2.5　标准物质在分析测量中的作用

著名科学家门捷列夫曾经说过"科学是从测量开始的"。事实证明，衡量一个国家科学技术水平的重要标志之一就是分析测量水平。在当今的知识经济时代，分析测量已经渗透于全部科学研究、技术创新及其他经济社会活动中，承担着基础性和保障性功能。科学研究离不开客观精确的测量数据；技术开发需要功能和效率等；在生产制造中对工艺和产品特性指标的测试是保证产品质量的必须环节；在市场交换和服务领域需要进行具有一致性的测量活动以降低交易成本或提供必需的支持等。

分析测量的结果越来越多地成为各领域的判定和决策依据。不过，任何分析测量都会产生误差，其误差来源很多，如取样和样品处理、环境和条件、分析测量技术人员的技术熟练程度及所选用的分析方法等，只要其中某个环节发生了问题，就一定会影响分析结果的准确性，不可避免地产生测量误差。而在众多测量中，必须将测量误差控制在预期的水平，否则会导致严重的后果。例如，医院的错判和误判将贻误治疗甚至危及生命；出口贸易中错测和误测等将使国家和企业遭受巨大经济损失。因此获得有效的分析测量结果对于科学研究、技术创新及其他经济社会活动至关重要。有效的分析测量结果必须具备可比性、可靠性和可溯源性，在这个过程中，标准物质起着重要的基础技术支撑作用。

评价测量方法：在研究或引用一种测量方法时，通过将标准物质作为标准进行试验，对测量过程的重复性、再现性与准确性做出最客观、最简便的有效评价。

评价测量仪器：标准物质作为校准标准，评价测量仪器的计量性能是否合格，即关系到仪器的响应曲线、精密度、灵敏度及检测限等。在此情况下，需要选用与仪器测量范围相一致的一系列标准物质。

测试待测样品：用标准物质作为标准，对相应组分化合物进行检测分析，正如标准物质定义所述的"给物质或材料赋值"。这种情况下应选用基体和量值与被测样品十分接近的标准物质。在测量仪器、测量条件和操作程序均正常的情况下，对标准物质与被测样品进行交替测量。将标准物质的测量值作为标准，计算出待测样品的特性量值。

评价测量环境：采用相同的测量方法和相同的仪器设备，在不同环境条件下进行试验，通常使用标准物质评价考察检验结果的变动性。

评价试验人员与检测实验室能力：近些年来，国内外十分重视出具公正数据测量实验室的认可工作，通过国家权威公证机构对测量实验室承担检测任务的条件与能力进行全面的审查与评价，从而决定是否颁发授权证书。在审查、评价过程中，运用相应的标准物质是必不可少的。负责审查与评价的专家将考核样作为盲样发给实验室，将其测量结果与标准值进行比较，若在允许的误差范围内且与检测结果一致，则表明该实验室具备出具可靠数据的能力。

3.2.6 标准物质的选用原则

正确选择标准物质是标准物质使用中至关重要的环节，正确的选择不仅可以减少实验室的运行成本，也可以提高检测结果的有效性和可靠性。进行标准物质选择时要考虑以下几个方面。

1. 水平

标准物质的特性水平必须与测量程序的预期应用水平相适应。

例如，同时测试多个易挥发有机化合物时，最好选择与待测物浓度接近的标准物质以减少使用过程中稀释、混合的次数，这样既可以降低检测的不确定度，又可以提高结果的可靠性。又如，在用离子色谱法测定饮用水中预期质量浓度水平为 50mg/L 的硝酸根含量时，校准溶液的浓度必须与这个预期浓度非常接近，此时用质量浓度为 5mg/L 或者 500mg/L 的标准物质作为仪器的校准标准是不合适的。

2. 基体

标准物质的基体应与被测物质的基体尽可能接近。

选择与被测样品基体组织、主要成分相匹配的标准物质，这样可以有效消除由基体组织和干扰元素引入的系统误差，即基体效应的影响。标准物质就能复现可能影响分析结果的任何样品参数（如形态、萃取、基体溶解的完全程度及基体组分对被分析物的干扰）。基体效应在诸如原子吸收光谱（火焰和炉式）、原子发射光谱（电弧、火花等）、荧光光谱及电化学技术（如阳极溶出伏安法）等测量方法中尤其普遍。

3. 形态

标准物质可以是固体、液体或气体，要根据测量方式的不同选择不同形态的标准物质，例如，用于光谱分析应选择块状标准物质，用于水溶液分析或经过溶解处理后的液体分析可选择水溶液标准物质。

4. 数量

标准物质的数量应足够试验计划使用，并且在必要时保留一些储备。此外，要特别注意标准物质的最小取样量，当称样量小于最小取样量时，标准物质的特性量值和不确定度等参数有可能不再有效，并会引入不均匀差。其原因是标准物质均匀性可随取样量的大小而发生变化。由于文件记载的特性量值包含了标准物质不均匀性的贡献，因此只有当取样量大于或等于标物研制者进行均匀性评价时的取样量时该值才是适用的。

5. 稳定性和保存要求

在整个试验过程中，应注意标准物质的物理和化学稳定性，注意标准物质证书中所给出的保存条件和使用方法，否则其特性量值可能无效。

6. 不确定度

标准值的不确定度应与测量程序相适合。实验室要根据使用目的和不确定度水平的要求采用不同级别的标准物质。

3.2.7　标准物质的使用

标准物质已广泛应用于不同场合，服务于不同目的，有多种应用方法，概括起来可归纳为以下6种主要类型。

1. 仪器校准

对于一些分析测试技术而言，并不能从最直接的基本原理上找到仪器输出信号与测试样品中被测分析物含量之间的关系。因此，为确定仪器的响应与被测分析物含量之间的关系，就需要在整个量程范围内对仪器进行校准，导出相应曲线的参数。另外，对于大多数的分析仪器，在其连续运行过程中，测量结果难免会受到各种因素的影响而产生漂移，从而导致结果发生偏差，直接影响分析测试结果的准确性。因此为保证分析仪器测量结果的准确可靠，常常需要对其进行校准，而有证标准物质作为量值传递的有效载体，其在仪器的校准中扮演着重要的角色。例如，对于一些相对测量仪器，常常需要使用有证标准物质对仪器进行刻度（或称标度），用有证标准物质的特性值来决定仪表的显示与被测分析物含量之间的关系，从而确保分析仪器测量结果的溯源性和可比性。

2. 方法评价

对于分析测试方法的确认，在 ISO/IEC 17025：2017 中有"在开展测试和校准前，实验室应确认其能够正确执行该标准方法；如果标准方法有改变应重新进行确认"的说明；另外还规定"制定的方法使用前应进行适当验证"，即除了标准方法的验证，还有非标准方法、自定方法、经扩充更改的标准方法的确认。这两者的目的是不同的，前者是验证实验室是否有能力执行标准方法，后者是对方法的适用性进行检查和认可。

方法确认可以被看作对方法性能进行充分研究以证明其适用于预期用途的过程，该过程的基础是对方法中某些性能特性的测定。以下方法性能参数对绝大多数分析方法而言都是重要的：同一性（选择性/特异性）、准确性（偏差、回收率）、精密度（重复性、复现性）、工作范围、耐久性/抗干扰性。

3. 给材料赋值

标准物质做测量工作标准正如标准物质定义所述的"给物质或材料赋值"，如同天平通过砝码确定被称物质的质量。在这种情况下，应选用基体和量值与被测样品十分接近的标准物质。在测量仪器、测量条件和操作程序均正常的情况下，对标准物质与被测样品进行交替测量，或者每测 2~3 次样品后插测一次标准物质，计算被测样品的特性量值。

当实际工作中选不到基体与量值均与被测样品十分接近的标准物质时，选用一个高浓度溶液标准物质，采用标准添加法测定未知样品的量值也同样可获得准确结果。该方法的基本点是加入的标准物质体积尽可能小，这样样品浓度与基体的变化可以忽略不计。

4. 测量过程中的质量评价

测量的质量保证工作，是围绕着质量控制与质量评价采取的一系列技术措施，运用统计学与系统工程原理保证测量结果的一致性和连续性。当测量的质量保证工作需要对测量结果的准确度做出评价时，使用标准物质是一种最明智的选择。在此情况下，标准物质有以下 3 种主要用法：

（1）用于测量设备的期间核查　目的是使用于检定、校准和检测的仪器设备保持在合格状态，确保提供的检定、校准和检测结果准确可靠。期间核查工作是一项日常的质量管理工作，需要实验室专业技术人员的参与并具体实施，需要管理部门的配合与监督，因此必须有完善的、具有操作性的管理程序或作业指导书。

（2）用于外部质量评价的客观标准　内部质量评价的各种方法只能评价测量过程是否处于统计控制之中，而不能提出使服务对象或者主管领导信服的证明测量结果准确的证据，因而外部质量评价是十分必要的。目前用于外部质量评价最简便、最有效的国际公认方法是使用标准物质。由于标准物质还不能满足各个方面的需要，因此近年来国际上又发展了一种能力验证计划，用于外部质量评价。但这种方法只能评价参加计划的实验室之间数据的一致性，对实验室的测量能力给予评价。使用标准物质作为外部质量评价的方法很简单，质量保证负责人或委托方选择一种与被测物相近的标准物质作为未知样品交给操作者测量；收集测量数据，计算出结果；然后与所用标准物质的保证值进行比较。

（3）用于长期质量保证计划　当一个例行测量实验室承担某种经济或社会意义重大的样品的长期测量任务时，质量保证负责人应使用相应标准物质做长期的准确度控制图以及时发现与处理测量过程中的问题，保证测量结果的准确性。

5. 技术仲裁、认证认可评价

国内外贸易中的商品质量纠纷屡见不鲜，这种情况需要技术仲裁。在这种情况下，如果能选择到合适的、由公证和权威的机构审查批准的一级标准物质进行仲裁分析，将十分有利于质量纠纷的裁决。裁决负责人将标准物质作为盲样分发给纠纷双方出具商品检测数据的实验室，测得结果与标准物质的量值在测量误差范围内相符合的一方被判为正确方。这种技术仲裁分析要比找第三方做商品的技术仲裁分析更客观、更直接，因而也更有说服力。当一个测量实验室承担贵重稀少样品的测量任务时，也可选择合适的标准物质作为平行测量，根据标准物质测量结果正确与否，直接判断样品测量结果的可靠性。

另外，近年来，国内外十分重视出具公证数据测量实验室的认证认可工作，通过国家权威公证机构对测量实验室承担某些检测任务的条件与能力进行全面的审查与评价，从而决定是否颁发授权证书。在审查、评价过程中，运用相应的标准物质是必不可少的。负责审查与评价的专家将标准物质作为盲样发给实验室，将其测量结果与标准物质的量值进行比较，若两者在测量误差范围内一致，则表明该实验室有出具可靠数据的实际能力。

6. 能力验证

能力验证是指利用实验室间比对确定实验室的校准/检测能力或检查机构的检测能力。这实际上是为确保实验室维持高效的校准和检测水平而对其能力进行考核、监督和确认的一种验证活动。在能力验证中，测试样品的一致性至关重要，即样品检测特性量的均匀性、稳定性必须符合要求，应确保能力验证中出现的不满意结果不归咎于样品之间或样品本身的变异性。因此，组织者常使用满足均匀性和稳定性要求的、不易被识破的标准物质作为测试样品，之后通过采用适当的统计方法将测量实验室的测量值与测试样品的指定值相比较，从而判定各实验室的校准/检测能力。

为保证分析结果准确性、一致性，还有值得使用者引起关注的问题。

1）在使用标准物质前应仔细、全面地阅读标准物质证书以熟悉其内容。这一点十分重要。只有认真地阅读证书中所给出的信息，才能保证正确使用标准物质，根据使用目的做好试验设计，测得需要的信息并做出正确的判断或得出结论。

2）应重视标准物质证书中所给的"标准物质的用途"信息和应用范围。一般而言，标准物质不应用于预期目的以外的其他用途。例如，在光电直读光谱分析中，就要特别注意系列标准样品、标准化样品（再校准样品）及控制样品三者的差异和不同用途，以免误用。

3）应特别注意该标准物质证书所给出的最小称样量，它是标准物质均匀性的重要条件，离开了最小称样量，测量结果的准确性和可靠性也就无从谈起。

4）根据标准物质的选择原则，选择合适的标准物质，在测定标准物质与样品时应用同一台仪器、同一种方法，并在同样条件与环境中进行以保证测量的一致性，避免系统误差。

5）注意标准物质的不确定度。当用户没有充分考虑标准物质定值特性的不确定度时，也可能造成标准物质的误用。标准物质定值特性的合成标准不确定度可能来自标准物质的不均匀性、定值方法，以及实验室内、实验室间的不确定度，还包括标准物质在有效期内的变化，它是标准物质最佳估计值不确定的程度。

6）使用标准物质后应按证书规定的方法与要求保存、处理不得随意处置，以免造成该标准物质的变质和量值变化。

7）注意标准物质证书中列出的定值方法、定值日期和有效期可以指导实际测试，选用有证标准物质与所用的分析测量方法密切相关。有证标准物质的不均匀程度取决于检验均匀性时所用方法的重复性。当使用者使用有证标准物质评价一个有更好重复性的方法时，有可能会发现物质的不均匀性。在这种情况下，用有证标准物质评价这个方法，其评价基础就有一定问题。同理，当用一个不确定度大的有证标准物质评价具有更好重复性的方法时，对方法的精密度、正确度的评价基础也有一定问题。

8）标准物质的正确使用与否与采购和使用者有着密切的关系。在许多企业中，使用者和采购者常常不能统一，采购员通常是非专业人员，这时就应尽可能到国家工业和信息化部认可的定点销售单位去购买标准物质，以便获得专业上的帮助。

第 4 章

分析数据处理

4.1 偏差、误差、精密度及准确度

试验结果可以通过数字、符号、图片或文字进行记录，其中应用最广泛的是以数字形式进行记录，特别是定量分析过程中，为了对研究过程中取得的原始数据可靠性进行客观评价，需要对数据进行误差分析。由于试验过程中仪器精度的限制、试验方法的不完善、科研人员对试验现象的认识不足及分析操作人员等多方面的原因，使得试验所获得的结果与真值（理论值）不会完全一致，这就是由于试验误差所导致的。误差和准确度是两个相反的概念，误差存在于所有的科学试验中，可以减少，但不能完全消除。

4.1.1 误差的性质与分类

1. 误差与真值

误差是测量结果与被测定对象的真值之差，可表示为

$$E = x - \mu$$

式中 E——误差；

x——测量值；

μ——真值。

真值是指在某一时刻和某一状态下某量的客观值或实际值。真值一般是未知的，但从相对的意义上来说真值又是已知的。通常可能知道的真值有三类，即理论真值、约定真值及相对真值。理论真值如平面三角形的三内角之和恒为 $180°$，一个圆的圆心角为 $360°$。约定真值是指由国际计量大会定义的国际单位制，包括基本单位、辅助单位和导出单位，如相对原子质量和标准米等物理常数。相对真值，如一些标准试样中有关成分的含量，以及由有经验的专业技术人员采用公认方法经多次测定得出的某组分含量的结果等。

（1）绝对误差 绝对误差是指测量值与真值之差，即

$$绝对误差 = 测量值 - 真值$$

绝对误差反映了测量值偏离真值的大小，可正可负。通常所说的误差一般是指绝对误差。如某低合金钢中碳的质量分数测量值为 0.256%，已知真实质量分数为 0.261%，则绝对误差 $= 0.256\% - 0.261\% = -0.005\%$。

（2）相对误差 绝对误差虽然在一定条件下能反映测量值的准确度，但还不全面。例如，对于铜的质量分数为 62% 的黄铜试样而言，0.05% 的绝对测量误差是可以允许的；但对于铜的质量分数为 0.1% 的铝合金试样来说，0.05% 的绝对测量误差就不能允许了。所以，为了判断试验值的准确性，还必须考虑测量值本身的大小，故引出了相对误差。

相对误差又称误差率，是指绝对误差与真值之比（常以百分数或千分数表示），有时也表示为绝对误差与测量平均值之比。采用相对误差更能精确地表示出测量值的准确度。

$$相对误差 = \frac{绝对误差}{真值}$$

2. 误差的分类

根据误差性质和产生原因的不同，误差可以分为系统误差、偶然误差和过失误差三类。

（1）系统误差 系统误差又称可测定误差或恒定误差，是指在一定的试验条件下，由某因素按某恒定变化规律造成的测定结果系统偏高或偏低的现象。当该因素的影响消失时，系统误差会自动消失。系统误差反映测定值的总体均值与真值的接近程度，具有重现性，是一个客观上的恒定值，不能通过增加试验测定次数发现，也不能通过多次测定取平均值来减少。系统误差有正误差和负误差两种，其正负大小是可以测定的，至少在理论上是可以准确测定的。系统误差最显著的特点就是"单向性"。系统误差产生的原因是多方面的，可以是方法、仪器、试剂、恒定的操作人员和恒定的环境等。

1）方法误差这类系统误差的产生是试验方法本身所造成的，例如，在质量分析过程中，由于沉淀的溶解、共沉淀现象、灼烧时沉淀的分解或挥发等原因，使结果出现系统偏高或偏低；在滴定分析过程中，由于干扰离子的影响、反应不完全、化学计量点和滴定终点不一致及滴定过程的副反应等，也会使系统性的测定结果偏高或偏低。

2）仪器误差这类系统误差的产生是由于仪器精密度不够造成的，如砝码质量、容器刻度及仪表刻度不准等。

3）试剂误差这类系统误差的产生主要是由于试剂纯度未能达到预定要求造成的。例如，试剂或蒸馏水（或溶剂）中含有被测定组分或干扰测定的组分，使分析结果系统偏高或偏低。

4）操作误差又称主观误差，是由于分析人员本身的一些主观原因影响操作而产生的系统误差。例如，分析人员对终点颜色的判断，有些人偏深，有些人偏浅；在刻度读取时，有些人偏大，有些人偏小；此外，某些分析人员在测定过程中读取第二个测定值时，主观上会使两次测定结果尽量相符，这些均可以称为操作误差。

（2）偶然误差 偶然误差又称随机误差或不可测定误差，是由于测定过程中一些随机的、偶然的因素协同造成的。例如，分析测定时环境温度的变化、相对湿度或环境气压的微小变化及分析人员对各试样处理的微小变化等均可能导致偶然误差的产生。偶然误差的产生具有不确定性，在分析操作中是无法避免的，而且通常很难找出确切的原因，似乎没有任何规律可循。而事实上，当样本容量比较大时，偶然误差一般是符合正态分布的，即绝对值小的误差比绝对值大的误差出现概率大，而且绝对值相等的正负误差出现的概率是均等的。因此，通过增加试验次数可以减少偶然误差。

（3）过失误差 过失误差（又称粗大误差）是一类显然与事实不符的误差，无规律可循，是由于测定过程中犯了不应该犯的错误造成的，如读错数据、数据记录错误、操作失误及加错试剂等。一经发现有过失误差时，必须及时改进，对出现的离群数据要及时进行剔除。在分析测定过程中，如果发现有较大的误差数据出现时，应及时分析其产生原因，如果确实是过失误差造成的，则应该将该数据舍去或重新获得试验数据。通常只要工作细心、态度认真，这一类误差是完全可以避免的。科学研究中绝对不允许有过失误差的存在，正确的试验结果是基于剔除离群值的前提下获得的。

在分析误差的过程中要特别注意以下事项：

1）试验数据的误差分析只进行系统误差和偶然误差的分析，过失误差不包括在内。

2）数据精密度是基于消除系统误差且偶然误差比较小的条件下得到的。精密度高的试验结果可能是正确的，也可能是错误的（当系统误差超出允许的限度时）。

4.1.2 准确度与误差

准确度是系统误差和偶然误差（随机误差）的综合结果，表征测量值与真值之间的一致程度。从误差的角度来看，准确度是测量结果的各类误差的综合体现，用于说明测量的可靠性，用绝对误差或相对误差来量度。如果系统误差已修正，那么准确度则由不确定度来表示。

实际上，用误差的大小来量度不准确度时，误差值越大说明测定越不准确，即准确度低；反之，误差越小，就意味着测定越准确，或者说测定的准确度高。

绝对误差和相对误差都有正值和负值，正值表示测定值比真值偏高，负值表示测定值比真值偏低。

4.1.3 精密度与偏差

精密度反映了偶然误差大小的程度，是指在一定的试验条件下多次试验值的彼此符合程度或一致程度，用偏差来表示。偏差又称为表观误差，是指个别测定值与测定的平均值之差，用来衡量测定结果的精密度高低。偏差也可分为绝对偏差和相对偏差。

$$绝对偏差 = 个别测定值 - 测定平均值$$

$$相对偏差 = \frac{绝对偏差}{测定平均值} \times 100\%$$

实际上是用偏差大小来衡量不精密程度，偏差越大即越不精密，说明分析测定值彼此不接近，或者说精密度越低；偏差越小即越精密，分析测定值彼此越接近，或者说精密度越高。偏差有正有负。

精密度的概念与重复试验时单次试验值的变动性有关。如果试验数据分散程度较小，则说明是精密的。例如，甲、乙两人对同一个量进行测量，得到算术平均值相等的两组试验值：甲测得试验值为 11.45、11.46、11.45、11.44；乙测得试验值为 11.45、11.48、11.50、11.37。

很显然，甲组数据的彼此符合程度好于乙组，故甲组数据的精密度较高。

试验数据的精密度是建立在数据用途基础之上的，对某种用途可能认为是很精密的数据，但对另一用途可能显得不精密。

由于精密度表示了偶然误差的大小，因此，对于无系统误差的试验，可以通过增加试验次数而达到提高数据精密度的目的。如果试验过程足够精密，则只需要少量几次试验就能满足要求。

试验值精密度高低的判断可用下述参数来描述。

1. 极差

极差（R）是指一组试验值中最大值（x_{max}）与最小值（x_{min}）的差值，即

$$R = x_{max} - x_{min}$$

由于误差的不可控性，因此，只由两个数据来判断一组数据的精密度是不妥的；但由于它计算方便，在快速检验中仍然得到广泛的应用。

2. 标准偏差

标准偏差（SD）或称为标准差，当试验次数 n 无穷大时称为总体标准差 σ，其定义为

$$\sigma = \sqrt{\frac{\sum_{i=1}^{n}(x_i - \bar{x})^2}{n}} = \sqrt{\frac{\sum_{i=1}^{n} d_i^2}{n}} \tag{4-1}$$

但在实际的科学试验中，试验次数一般为有限次，于是又有样本标准差 S，其定义为

$$S = \sqrt{\frac{\sum_{i=1}^{n}(x_i - \bar{x})^2}{n-1}} = \sqrt{\frac{\sum_{i=1}^{n} d_i^2}{n-1}} \tag{4-2}$$

标准差不但与一组试验值中每一个数据有关，且对其中较大或较小的误差敏感性很强，能明显地反映出较大的个别误差。由式（4-2）可以看出标准差的数值大小，反映了试验数据的分散程度，数值越小则数据的分散性越低，精密度越高，偶然误差越小，试验数据的正态分布曲线也越陡峭。

3. 方差

方差即为标准差的平方。当试验次数无穷大时称为总体方差，可用 σ^2 来表示；当试验次数为有限次时称为样本方差，用 S^2 表示。显然，方差也反映了数据偏离平均数的大小，方差越小则表示这批数据的波动性或分散性越小，即偶然误差越小，Excel 内置函数"VAR. S"可用于计算样本方差 S^2，内置函数"VAR. P"可用于计算总体方差 σ^2。

4. 相对标准偏差

相对标准偏差（RSD）也称为变异系数（CV），其计算公式就是标准差与算术平均值的比值，即

$$\text{RSD（或 CV）} = \frac{S}{\bar{x}} \times 100\% = \frac{\sqrt{\dfrac{\sum_{i=1}^{n}(x_i - \bar{x})^2}{n-1}}}{\bar{x}} \times 100\% \tag{4-3}$$

标准差能很客观地反映数据的分散程度，但是当需要比较两个或多个数据资料的分散程度或精密程度大小时，并且这些数据属于不同的总体（量纲可能不同）或属于同一总体中的不同样本（平均值不同），直接使用标准差进行比较就不合适。由于 RSD（或 CV）可以消除量纲或平均值不同的影响，所以可应用于两个或多个数据资料分散程度、变异程度或精密程度的比较。

注意：RSD（或 CV）的大小同时受平均数和标准差两个统计量的影响，因而在利用该统计量表示数据资料的精密程度或变异程度时，最好将算术平均值和标准差也列出。

4.1.4　精密度、准确度和正确度的关系

误差的大小可以反映试验结果的好坏，但这个误差可能是由于偶然误差或系统误差单独造成的，也可能是两者的叠加。为了说明这一问题，引出了精密度、准确度和正确度这三个表示误差性质的术语。在 4.1.2 小节与 4.1.3 小节中已经了解了精密度和准确度定义，现在介绍正确度。正确度是指大量测量结果的（算术）平均值与真值或接受参照值之间的一致程度，它反映了系统误差的大小，是指在一定试验条件下所有系统误差的综合。由于偶然误差和系统误差是两种不同性质的误差，因此，对于某一组试验数据而言，精密度高并不意味着正确度高；反之，精密度较低，但当试验次数相当多时，有时也会得到较高的正确度。

精密度、准确度和正确度的关系如下：

1) 准确度既包含正确度，又包含精密度。系统误差影响分析结果的正确度，偶然误差影响分析结果的精密度。正确度表示测试结果的算术平均值与真值或接受参照值之间的一致程度，精密度表示测试结果的重复性，准确度则表示测试结果的正确性，三者之间既有区别又有联系。

2) 精密度是保证准确度的先决条件，只有在精密度比较高的前提下，才能保证分析结果的可靠性。因此，在分析时，必须用一份组成相近的标准样品同时操作以获得或接近标准结果，从而说明分析结果的准确度。若精密度很差，说明所测结果不可靠，当然其准确度也不高，虽然由于测定次数较多，可能使正负偏差相互抵消，正确度可能较高，但已失去衡量准确度的前提。因此，在评价分析结果时，还必须将系统误差和偶然误差的影响结合考虑，从而得到精密度好、正确度也好，即准确度高的分析结果。

4.1.5　平均值的置信界限

根据统计学的原理，多次测定的平均值比单次测定值可靠，测定次数越多，其平均值越可靠。但实际上，增加测定次数所取得的效果是有限的。

在 4.1.3 小节的讨论中，测量的精密度可用标准偏差来度量。但标准偏差本身也是一个随机变量，所以标准偏差也存在精密度问题。通常用平均值的标准偏差来表示，即

$$\delta_{\bar{x}} = \pm \frac{S}{\sqrt{n}} \qquad (4\text{-}4)$$

式中　S——标准偏差；

　　　n——测量次数；

$\delta_{\bar{x}}$——平均值的标准偏差。

在实际工作中，当测定次数在 20 次以内时，用标准偏差作为 δ 的估计值，这样平均值的标准偏差可改写为

$$S_{\bar{x}} = \pm \frac{S}{\sqrt{n}} \tag{4-5}$$

式中　$S_{\bar{x}}$——平均值的标准偏差。

式（4-5）表明，平均值的标准偏差按测定次数的平方根呈比例减小。增加次数可以提高测定的精密度，但当 $n>5$ 以后，这种提高变化缓慢，即提高不多，因此在日常分析工作中重复测定 3~4 次即可。

在完成一项测定工作以后，通常总是把测定数据的平均值作为结果做出报告，但平均值不是真值，它的可靠性是相对的，仅仅报告一个平均值还不能说明测定可靠性。一个分析报告应当包括测定的平均值，平均值的误差范围及测得数据有多少把握能落在此范围内，这种所谓"把握"称为置信水平。在分析化学中，通常按概率 $P = 95\%$ 的置信水平来要求。在此置信水平下，分析数据可以落到平均值附近的界限称为置信界限。为了解决有限次测定的置信界限，W.S. 科塞（W.S.Cosset）提出了一个新的量，即所谓 t 值，其含义可理解为平均值的误差，以平均值的标准偏差为单位来表示的数值，即

$$\pm t = (\bar{x} - \mu) \frac{\sqrt{n}}{S} \tag{4-6}$$

式中　$\bar{x}$——测量数据的平均值；

　　　μ——真值；

　　　S——标准偏差；

　　　n——测量次数。

由此，可以按式（4-6）求真值，即

$$\mu = \bar{x} \pm \frac{tS}{\sqrt{n}} \tag{4-7}$$

4.2　有效数字与分析结果的数据处理

4.2.1　有效数字及其运算规则

1. 有效数字

能够代表一定物理量的数字称为有效数字。试验数据总是以一定位数的数字来表示，这些数字都是有效数字，其末位数往往是估计出来的，具有一定的误差。例如，用分析天平测得某样品的质量是 1.5687g，共有 5 位有效数字，其中"1.568"都是所加砝码标值直接读得的，它们都是准确的，但最后一位数字"7"是估计出来的，是可疑的或欠准的。

有效数字的位数可反映试验的精度或表示所用试验仪表的精度，所以不能随便多写或少写。不正确地多写一位数字则该数据不真实，因而也不可靠；少写一位数字则损失了试验精

度，实质上是对测量该数据所用高精密度仪表的浪费，同时也是一种时间浪费。

数据中小数点的位置不影响有效数字的位数。例如，50mm、5.0×10^{-2}m、0.050m 这三个数据的准确度是相同的，它们的有效数字位数都为 2。因此，常用科学记数法表示较大或较小的数据而不影响有效数字的位数。

数字"0"是否是有效数字取决于它在数据中的位置，非零数字中间的"0"，如 1003 中的"0"都是有效数字；第一个非零数字前边的"0"，如 0.00154 中的"0"都不是有效数字；而第一个非零数后的数字都是有效数字。例如，数据 29mm 和 29.00mm 并不等价，前者有效数字是两位，后者有效数字是四位，它们是用不同精度的仪器得到的，所以在试验数据的记录过程中不能随便省略末尾的"0"。需要指出的是，有些人为指定的标准值末尾的"0"可以根据需要增减，例如，相对原子质量的相对标准是 ^{12}C，它的相对原子质量为 12，它的有效数字可以视计算需要设定。

在计算有效数字位数时，如果第一位数字大于或等于 8，则可以多计一位，例如，9.99 实际只有三位有效数字，但可认为有四位有效数字。

有效数字的修约应按照 GB/T 8170—2008《数值修约规则与极值数值的表示和判定》进行。首先应确定修约间隔，即修约值的最小间隔单位，通常称为"四舍六入五成双"法则。进舍主要规则如下：

1）拟舍弃数字的最左一位数字小于 5 则舍去，保留其余各位数字不变。例如，将 12.1498 修约到个数位得 12，修约到一位小数则得 12.1。

2）拟舍弃数字的最左一位数字大于 5 则进 1，即保留数字的末位数字加 1。例如，将 1268 修约到"百"数位时得 13×10^{2}。

3）拟舍弃数字的最左一位数字为 5，且其后有非零数字时进 1，即保留数字的末位数字加 1。例如，将 25.5002 修约到个数位得 26。

4）拟舍弃数字的最左一位数字为 5，且其后无数字或皆为 0 时，若所保留的末位数字为奇数则进 1，即保留数字的末位数字加 1；若所保留的末位数字为偶数（0 视为偶数）则舍去。例如，1.050、0.35 修约间隔为 0.1（或 10^{-1}）时，分别得 1.0（或 10×10^{-1}）、0.4（或 4×10^{-1}）。再如，2500、3500 修约间隔为 1000（或 10^{3}）时，分别得 2000（或 2×10^{3}）、4000（或 4×10^{3}）。

5）负数修约时，先将它的绝对值按以上 1）~4）的规定进行修约，然后在所得值前面加上负号。

6）拟修约数字应在确定修约间隔或指定修约位数后一次修约获得结果，不得多数字进行连续修约。例如，将 3.154546 修约至两位小数时应为 3.15，而不得连续修约为 3.16（3.154546→3.15455→3.1546→3.155→3.16）。

有时应根据不同的分析标准中规定的修约规则进行修约，不完全参照上述的规则。在具体实施中，有时测试与计算部门先将获得数值按指定的修约数位多一位或几位报出，而后由其他部门判定；在标准物质协作定值中也是如此。

2. 有效数字的运算规则

试验结果常常是多个试验数据通过一定的运算得到的，其有效数字位数的确定可以通过有效数字运算来确定。常用的运算规则如下：

1）在加、减运算中，加、减结果的位数应与其中小数点后位数最少的相同。例如，11.96+10.2+0.003 计算方法为

$$
\begin{array}{r}
11.96 \\
10.2 \\
+\quad 0.003 \\
\hline
22.163
\end{array}
$$

最后结果应为 22.2。这种方法是"先计算后对齐"，还可以采用"先对齐后计算"的方法，即

$$
\begin{array}{r}
12.0 \\
10.2 \\
+\quad 0.0 \\
\hline
22.2
\end{array}
$$

最后结果也为 22.2。显然这两种方法不是完全等价的，第一种方法更方便、简单，也可减少精密度的损失。

2）在乘、除运算中，乘积和商的有效数字位数应以各乘数、除数中有效数字位数最少的为准。例如，$12.6 \times 9.81 \times 0.050$ 中，0.050 的有效数字位数最少，所以有 $12.6 \times 9.81 \times 0.050 = 6.2$。

3）乘方、开方后的结果的有效数字位数应与其底数的相同。例如，$2.4^2 = 5.8$，$\sqrt{6.8} = 2.6$。

4）对数的有效数字位数与其真数的相同。例如，$\ln 6.84 = 1.92$，$\lg 0.00004 = -4$。

5）在 4 个以上数据的平均值计算中，平均值的有效数字可增加一位。

6）所有取自手册上的数据，其有效数字位数按实际需要取，但原始数据如有限制则应服从原始数据。

7）一些常数的有效数字位数可以认为是无限制的，如圆周率 π、重力加速度 g、$\sqrt{2}$、1/3 等可以根据需要取有效数字位数。

8）一般在工程计算中取 2~3 位有效数字就足够精确了，只有在少数情况下需要取到 4 位有效数字。

从有效数字的运算可以看出，每一个中间数据对试验结果精度的影响程度是不一样的，其中精度低的数据影响相对较大，所以在试验过程中应尽可能采用精度一致的仪器或仪表，1~2 个高精度的仪器或仪表无助于整个试验结果精度的提高。

4.2.2　分析结果的数据处理

在日常分析中，一般只对每个试样进行有限次的平行测定，若所得的分析数据的极差值不超过该方法对精密度的规定值，那么均认为有效，可取平均值报出；但对于一些特殊要求的试样，多次测量的数据是否都那么可靠，是否都参加平均值的计算，就必须进行合理评价和舍取。如果在消除了系统误差之后测得的数据出现显著的大值或小值，这样的数据是值得

怀疑的，因此，称这些数据为可疑数据，也称为离群数据。离群数据需要通过检验后才能确定是否应该舍弃。对离群数据应做如下处理：如果确切知道离群原因是过失误差，则应直接将离群数据舍弃；如果找不出可疑值产生的原因，不应随意弃去或保留，而应根据数理统计原则来处理。下面介绍几种分析结果的数据处理方法。

1. 4d 法

4d 法即 4 倍于平均偏差法。4d 法应用时，计算比较简单，适用于 4~6 个平行数据的取舍，具体做法如下：

1）除可疑值外，对其余数据求其算术平均值 $\bar{x}$ 及平均偏差 $\bar{d}$。

2）将可疑值与算术平均值 $\bar{x}$ 相减。若可疑值减算术平均值之差 $\geq 4\bar{d}$，则可疑值应舍去；若可疑值减算术平均值之差 $< 4\bar{d}$，则可疑值应保留。

2. 格鲁布斯（Grubbs）检验法

格鲁布斯检验法适用于多组测量值的一致性检验和剔除多组测量值中的离群均值，也可以用于一组测量值的一致性检验和剔除一组测量值中的离群值。

格鲁布斯检验法的步骤如下：

1）将分析测试样品分派给 t 个质量控制良好的实验室，每个实验室对样品进行相同次数的重复测定，并计算出各自的平均值，即 $\bar{x}_1$、$\bar{x}_2$、$\cdots$、$\bar{x}_i$、$\cdots$、$\bar{x}_t$，其中最大的均值记为 $\bar{x}_{\max}$，最小的均值记为 $\bar{x}_{\min}$。

2）由 t 个均值计算总均值（$\bar{\bar{x}}$）和标准偏差（$S_{\bar{x}}$），即

$$\bar{\bar{x}} = \frac{1}{t} \sum_{i=1}^{t} \bar{x}_i \tag{4-8}$$

$$S_{\bar{x}} = \sqrt{\frac{1}{t-1} \sum_{i=1}^{t} (x_i - \bar{\bar{x}})^2} \tag{4-9}$$

3）引入统计量 T，可疑值检验可由式（4-10）计算。

$$T = \frac{|\bar{\bar{x}} - \bar{x}_{\max}(\text{或}\bar{x}_{\min})|}{S_{\bar{x}}} \tag{4-10}$$

4）根据给定的显著性水平 α 和测定数据的组数 t，按表 4-1 查临界值 $T_{(\alpha t)}$。

表 4-1　格鲁布斯检验临界值 $T_{(\alpha t)}$

t	α				t	α				t	α			
	0.05	0.025	0.01	0.005		0.05	0.025	0.01	0.005		0.05	0.025	0.01	0.005
3	1.153	1.155	1.155	1.155	13	2.331	2.462	2.607	2.699	23	2.624	2.781	2.963	3.087
4	1.463	1.481	1.492	1.496	14	2.371	2.507	2.659	2.755	24	2.644	2.802	2.987	3.112
5	1.672	1.715	1.749	1.764	15	2.409	2.549	2.705	2.806	25	2.663	2.822	3.009	3.135
6	1.832	1.887	1.944	1.973	16	2.443	2.585	2.747	2.852	26	2.681	2.841	3.029	3.157
7	1.938	2.020	2.097	2.139	17	2.475	2.620	2.785	2.894	27	2.698	2.859	3.049	3.178
8	2.032	2.126	2.221	2.274	18	2.504	2.651	2.821	2.932	28	2.714	2.876	3.068	3.199
9	2.110	2.215	2.323	2.387	19	2.532	2.681	2.854	2.968	29	2.730	2.893	3.085	3.218
10	2.176	2.290	2.410	2.482	20	2.557	2.709	2.884	3.001	30	2.745	2.908	3.103	3.236
11	2.234	2.355	2.485	2.564	21	2.580	2.733	2.912	3.031					
12	2.285	2.412	2.550	2.636	22	2.603	2.758	2.939	3.060					

5）离群值判定。若 $T>T_{0.01}$，则可疑值为离群均值应剔除；若 $T_{0.05}<T\leqslant T_{0.01}$，则可疑值为偏离均值；若 $T\leqslant T_{0.05}$，则可疑值为正常均值。

3. Q 检验法

Q 检验法的步骤如下：

1）将所有测量结果的数据按大小顺序排列，即

$$x_1<x_2<x_3<\cdots<x_n$$

其中，x_1 或 x_n 为可疑数据。

2）按式（4-11）计算 Q 值，即

$$Q=\frac{|x_?-x|}{x_{max}-x_{min}}\qquad(4-11)$$

式中　$x_?$——可疑值；

　　　x——与 $x_?$ 相邻的值；

　　x_{max}——最大值；

　　x_{min}——最小值。

3）置信水平的 Q 值见表 4-2，将由 n 次测得的 Q 值与表中所列的相同测量次数的 $Q_{0.90}$ 相比较，$Q_{0.90}$ 表示 90% 的置信度。若 $Q>Q_{0.90}$，则相应的 $x_?$ 应舍去；若 $Q<Q_{0.90}$，则相应的 $x_?$ 应保留。

表 4-2　置信水平的 Q 值

n	3	4	5	6	7	8	9	10
$Q_{0.90}$	0.94	0.76	0.64	0.56	0.51	0.47	0.44	0.41
$Q_{0.95}$	1.53	1.05	0.86	0.76	0.69	0.64	0.60	0.58

4. 狄克逊（Dixon）检验法

狄克逊检验法是对 Q 检验法的改进。它是按照不同的测量次数范围采用不同的通解计算公式，因此比较严密，其检验步骤与 Q 检验法类似。

狄克逊检验法的具体步骤如下：

1）将所有测量结果的数据按大小顺序排列，即

$$x_1\leqslant x_2\leqslant x_3\leqslant\cdots\leqslant x_n$$

其中，x_1 或 x_n 为可疑数据。

2）狄克逊检验临界值 $f(\alpha,n)$ 见表 4-3，按表 4-3 计算 r_1 或 r_n 值，并查出临界值 $f(\alpha,n)$。若 $r_1>r_n$ 且 $r_1>f(\alpha,n)$，则判定 x_1 为异常值，应被剔除；若 $r_n>r_1$ 且 $r_n>f(\alpha,n)$，则判定 x_n 为异常值，应被剔除。若 r_1、r_n 的值均小于 $f(\alpha,n)$，则所有数据均保留。其中，$f(\alpha,n)$ 值为与显著性水平 α 及测量次数 n 有关的数值。

狄克逊检验法使用极差法剔除可疑值，无须计算平均值 $\bar{x}$ 及标准偏差 S，使用简便。许多国际标准中都推荐使用狄克逊检验法，但它原则上适用于只有一个可疑值的情况。

表 4-3　狄克逊检验临界值 $f(\alpha, n)$

n	显著性水平		统计量	
	$\alpha = 1\%$	$\alpha = 5\%$	x_1	x_n
3	0.994	0.970		
4	0.926	0.829		
5	0.821	0.710	$r_1 = \dfrac{x_2 - x_1}{x_n - x_1}$	$r_n = \dfrac{x_n - x_{n-1}}{x_n - x_1}$
6	0.740	0.628		
7	0.680	0.569		
8	0.717	0.608		
9	0.672	0.564	$r_1 = \dfrac{x_2 - x_1}{x_{n-1} - x_1}$	$r_n = \dfrac{x_n - x_{n-1}}{x_n - x_2}$
10	0.635	0.530		
11	0.709	0.619		
12	0.660	0.583	$r_1 = \dfrac{x_3 - x_1}{x_{n-1} - x_1}$	$r_n = \dfrac{x_n - x_{n-2}}{x_n - x_2}$
13	0.638	0.557		
14	0.670	0.586		
15	0.647	0.565		
16	0.627	0.546		
17	0.610	0.529	$r_1 = \dfrac{x_3 - x_1}{x_{n-2} - x_1}$	$r_n = \dfrac{x_n - x_{n-2}}{x_n - x_3}$
18	0.594	0.514		
19	0.580	0.501		
20	0.567	0.489		

4.3　测量不确定度评定与示例

4.3.1　测量不确定度的含义

众所周知，对于不同的被测对象，在不同的资源（如测量设备或测量人员）和环境条件下，测量的结果均会有所差异，用测量器具对某个被测对象（量）测量若干次，每次测量的结果均可能不同。由传统的误差理论可知，每个测量结果一定存在误差，测量结果的平均值也同样存在误差，其中至少包括偶然误差和系统误差，有的还存在过失误差。过失误差，即测量结果异常值，可以根据预先确定或约定的某一剔除方法或准则予以剔除，一般可以认为它基本不会给测量结果带来影响，本节暂且不去讨论它。因此，一般可认为正常的测量结果之中包括两类误差，即系统误差和偶然误差。系统误差分为已知系统误差和未知系统误差，未知系统误差导致测量结果具有不可知或无法确定的特性，这一特性的强弱，也就是测量结果与真值的接近程度取决于未知系统误差本身的大小，未知系统误差越大，测量结果距离真值就可能越远，结果本身的未知性就越强。偶然误差是指每一次测量结果（即单次测量结果）或若干次测量结果的平均值的误差均是随机变化、无法预知的，是无法也不可能修正的，因此，偶然误差导致测量结果具有不确定（可理解为不稳定）或随机变化的特性。因此，从根本上讲，偶然误差和未知系统误差导致了测量结果具有不稳定性（分散性）和相对于测量结果真值而言的不可知性（未知性），从而使测量结果具有综合的不确定性。

通过前人无数次的测量实践及数理统计理论研究，得出一个结论：测量结果的不确定性具有一定的规律。当测量次数足够多时，只要测量条件不变或受控，尽管不能得到测量结果的真值本身，但在一定程度上（即在一定的置信水平上）可以得到实际测量结果对应真值所处的区间，该区间的宽度与一定的置信概率（表明置信水平的参数，即数据落入该区间的可能性）相对应，置信概率越大，表明测量结果数据落入该区间的可能性越大。该区间的宽度即反映出影响量值的各种随机因素的影响，同时也反映出各种系统因素的影响，影响因素越多、影响程度越大，区间的宽度也越大，就如同打靶用的靶面区域越大，打靶时击中靶面的机会越大，射击的目的在于击中目标，而测量的目的在于获得被测量的真值，然而真值的"神秘性"和"不可追求性"导致人们不得不退一步，转而追求真值所处的测量结果数据分散的区间，测量影响因素越多，影响程度越大，就会使得该区间宽度越大，通俗地讲，即影响误差的分量越多、分量误差越大，测量结果的误差越大。测量人员所追求的是，在现有条件下，获得尽可能窄的分散区间，也就是最大限度地反映或发挥出相应测量系统的"最佳测量能力"。该数据分散区间通常是以"$\bar{x} \pm U$"的形式给出，它表明了该区间的位置和宽度，其含义是：在一定的置信概率下，测量结果总是围绕某个固定的值 $\bar{x}$，在固定的幅度 U 内波动。它形象而真实地反映了测量结果的不确定性。未知系统因素在一般情况下通常只影响分散区间的位置（尤其是常值系统误差），并不影响分散区间的宽度，尽管其具体值未知，但人们可通过某种信息得到它的允许限度值，实践表明，具体值在允许限度值范围内也服从数理统计规律，据此，为确保测量结果的真值落入预定区间，使得测量结果的预先分析变得有意义，可以采用类似将靶面加大的思路而将分散区间的宽度 U 根据合理的原则（数理统计原理）适当加大，加大量取决于未知系统因素的影响程度，最终将未知系统因素导致的测量结果的不确定性与随机因素导致的测量结果的不确定性综合起来，形成与"综合的"不确定性对应的区间，这个区间的宽度就是对该不确定性的程度的量化结果，即不确定度。

测量结果的分散区间符合数理统计规律，测量结果的平均值也是如此，只是其分散程度会随着测量次数的增加而减小，但单次测量结果本身的分散程度则不会随着测量次数的增加而减小，而是接近于某一固定值。

根据数理统计的参数估计理论可以推断，尽管每次测量的结果或若干次测量结果的平均值 $\bar{x}$ 本身可能不是真值，但在一定的置信水平下，真值一定处于以 $\bar{x}$ 为中心、具有与置信水平相对应的宽度为 $2U$、被称为"置信区间"的分散区间内。无论使用任何测量器具，其示值均对应这样的置信区间，相应的测量结果也应包含置信区间的信息。测量不确定度评定的目的就是要得到该区间的宽度，并通过测量不确定度的表达给出该数据分散区间的具体位置。

图 4-1 所示为测量结果符合性判断示意图。

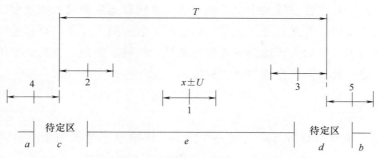

图 4-1 测量结果符合性判断示意图

结合图 4-1，从理论上分析测量仪器及方法等对应的置信区间对被测量符合性判别的影响情况。其中，T 为合格区间，$x±U$ 为实际的测量数据的真值所在的置信区间（x 表示测量结果平均值、即区间的中心），从图 4-1 中可以看出，位置 1 处真值所在置信区间内的数据全部包含于 T 内，是完全有把握判定被测量合格的。在实际测量中正常的测量结果 x 可能出现在合理量值范围内任何位置，因此相应的真值所在的置信区间有可能处于图中 2、3、4、5 等处，如果测量结果 x 处于合格范围 T 之内，但置信区间有一部分超出 T 的边缘值时，即 x 位于 2 区间的左半区间内或 3 区间的右半区间内时，就意味着测量结果的真值可能处于 T 之外，此时便不能判定被测量合格；如果测量结果 T 处于合格范围 T 之外，但置信区间有一部分处于 T 的边缘值之内时，即 x 位于 4 区间的右半区间内或 5 区间的左半区间内时，就意味着测量结果的真值可能处于 T 内，此时便不能判定被测量不合格。由此可以看出，e 区间为肯定合格区域，a、b 区间为肯定不合格区域，同称为确定区域；c、d 区间称为待定区域。一旦测量结果处于待定区域，就不能也没有理由对被测对象的合格与否做出明确的判断，需要根据具体情况斟酌处理，必要时应进一步改善测量方法，以便获得更高的测量准确度，达到减小 U 区间宽度，使测量结果能够处于新的确定（肯定或否定）区域的目的，最终对被测对象的合格性做出明确的判断。

这里的分散区间实际上就是测量不确定度。测量不确定度除表明测量结果的分散区间（即分散性）外，由于其真值是无法确切得到的，即使是约定真值也具有一定程度的未知性，因此，测量结果还具有不能确定或不可知（即未知性）的含义。换句话说，测量结果的不确定性包括其分散性和未知性，应对测量结果的不确定性即不确定度进行评定（估算），并进行正确的表示。

在实际测量工作中，要求对测量结果进行重复测量验证（被复现）的情况已经非常普遍。只有给出不确定度的、真正反映测量可靠程度的测量结果，才能被重复测量验证（被复现），测量结果之间才有可比性，才能对测量能力进行验证，未做不确定度说明的任何两个测量结果之间无任何可比性。

测量结果的准确程度是以其不确定度为衡量标准的，若不确定度小，一般表明测量结果的准确程度高一些，反之，则表明测量结果的准确程度低一些。同样，无不确定度说明的两个重复测量的结果无法证明其可靠与否，因此各类认证、认可均对实验室提出了理解、掌握不确定度理论和对相关测量（检测或校准）项目（系统）进行测量不确定度评定的要求。

对于测量人员来说，只有在实际工作中正确理解、掌握和运用测量不确定度的理论知识，为所出具的数据赋予客观、合理的可信水平和相应的分散区间，并予以合理地表达，才能保证测量结果被正确运用，从而为市场经济或国际贸易提供科学数据，并有效地维护测量机构的公正性地位和检测、校准人员自身的合法权益。

4.3.2　相关概念

（1）被测量　被测量是指与定义相一致的量。影响量不是被测量，但它会对被测量的测量结果产生影响。

（2）测量结果　测量结果是通过测量所得到的赋予被测量的值，它只是一个在一定程度上与真值接近的近似值，其接近程度与测量系统本身的准确度、测量人员、环境、方法、过程、数据处理等诸多因素密切相关。测量结果包括测量仪器的指示值、未经修正的测量结果、已经过修正的测量结果、经过数学转换的值（如相对值、平均值等）等。

（3）真值　真值是指与被测量定义相一致的值，符合定义的真值不止一个，具体数量取决于定义的限定程度。

（4）测量准确度　测量准确度是指测量结果与被测量真值之间的一致程度，这是一个定性的概念，从量值上讲是比较模糊的，它不能明确表明对应的量值具有何种含义。这里的"准确"与"精确"的含义相同，包含"精密"和"正确"两方面的含义，"精密"的含义为数据分散区间（域）足够小，即方差 σ^2（或样本试验方差 S^2）足够小，也可以理解为标准偏差 σ（或试验标准偏差 S）足够小；而"正确"的含义为若干个测量结果对数学期望 μ（或数据平均值）与真值之差足够小。准确度一般用于定性描述测量仪器的计量性能，如准确度的高低、是否合格等，它不能用具体的值来量化，只可以说准确度符合某个等别或级别，但此时仍然是定性描述的。因此尽量不要使用诸如 0.25%、25mg、≤5mg、±25mg 等来表达测量准确度，因为仅从数值无法判断出其具体明确的含义，如 0.25% 是指相对误差还是引用误差？这是无法用准确度来清楚表达的。

（5）测量重复性　在相同条件下，对同一被测量连续进行多次测量所得结果之间的一致性，常用标准（偏）差来描述。要正确区分测量重复性与重复性限的区别，重复性限的定义是在重复性条件下两次测量结果之差以 95% 的概率所存在的区间，即两次测量结果之差小于或等于某个限定值 r（即"重复性限"）的概率为 95%，故 $r=1.96\sqrt{2}\,S_r\approx2.83S_r$，其中 S_r 为 n（应足够大）个可估计为正态分布的测量结果的标准（偏）差，即测量重复性，其自由度充分大（大于 30），可以看出，重复性限是建立在重复性的基础之上的，需要强调的是，重复性限 r 和下文的复现性限 R 对实验室测量过程的有效监测或控制（如人员比对、期间核查等）具有比较大的实用价值。

（6）复现性　复现性的概念与重复性类似，只是测量条件允许在一定的限度内变化。

（7）复现性限 R　复现性限 R 的概念与重复性限 r 类似，只是测量条件允许在一定的限度内变化。

（8）测量不确定度　测量不确定度是指表征合理地赋予被测量之值的分散性，与测量结果相联系的参数。测量不确定度是一种参数，该参数是与测量结果密切联系的，是用来表征处于统计控制状态下（即满足重复性条件）的测量结果分散区间的，它用来表征测量结果的分散程度或可疑程度，是测量结果不确定性的具体量化。

（9）A类不确定度　A类不确定度即测量不确定度的 A 类评定，它直接采用概率统计的方法得到标准（偏）差作为测量不确定度，其可靠性主要取决于测量程序和测量条件的理想程度，要注意实现特定测量的可能性。

（10）B类不确定度　B 类不确定度即测量不确定度的 B 类评定，它间接采用统计的方法或统计经验得到标准（偏）差，将其作为测量不确定度，所应用的统计方法或统计经验应具有足够的可信性。

（11）标准不确定度　标准不确定度是指用标准（偏）差来表述的测量不确定度，用小写字母 u 表示，单次测量的标准不确定度用 $u(x_i)$ 表示，平均值的标准不确定度用 $u(\bar{x})$ 表示。

（12）合成标准不确定度　合成标准不确定度是指由各个标准不确定度通过统计（求和）计算得到的标准不确定度，用 u_c 表示。

（13）相关　当某些被测量的估计值有相同的来源时，特别是受相同的系统效应的影响时，会导致变量间相互关联，呈现出相关联的变化趋势，称为相关。如果同时偏大或同时偏小，称为正相关；如果一个偏大而另一个偏小，称为负相关。相关程度通常用相关系数 r 来定量表征。

（14）扩展不确定度　扩展不确定度是合成标准不确定度乘一个包含因子（或称为扩展因子）之后扩大了的不确定度，它给出对应的区间能够包含被测量可能值的大部分，用 U 或 U_p 表示，U 是指不与明确的置信概率相对应的扩展不确定度，U_p 是指与明确的置信概率相对应的扩展不确定度，如 U_{95} 是指置信概率为 95% 的扩展不确定度。

（15）相对不确定度　相对不确定度是指不确定度与相应被测量值的比值。相对不确定度一般适用于以相对误差或引用误差形式来表达示值误差的被测量，它可用于各分量的标准不确定度、合成标准不确定度或扩展不确定度的表达。

（16）包含因子　包含因子又称为覆盖因子或扩展因子，即对合成标准不确定度进行扩展时所乘的因子常数，用 k 或 k_p 表示，k 是指不与明确的置信概率相对应的包含因子，k_p 是指与明确的置信概率相对应的包含因子，如 k_{95} 是指与置信概率 95% 相对应的包含因子。

（17）置信概率　置信概率就是用 0~1（或 100%）之间的数表示的，具有某一特定属性的测量结果落入指定区间的可能性（即概率），用 p 表示。

（18）自由度　自由度是表征相应不确定度的可靠程度的值。它用于包含因子 k_p 的获得，若只要求 U 而不是 U_p，一般不必考虑自由度。合成标准不确定度的自由度称为有效自由度 ν。对于 A 类评定而言，自由度等于测量次数 n 减去被测量的个数 m，即 $\nu=n-m$。自由度越大，相应的不确定度越可靠。

4.3.3　测量不确定度的来源

建立测量数学模型后，应从该数学模型入手，围绕测量设备、测量方法、影响量、被测量和人员等五个方面分析测量不确定度的来源，对于对被测量影响程度比较大的影响量，有必要在可能时对其进行相应的修正，即修改测量数学模型；之后，再从上述五个方面分析测量不确定度的来源。这一过程可能循环往复数次，直至分析出所有对被测量有明显影响的主要来源，当然，这仅仅是相对而言。下面就上述的五个方面予以简要介绍。

1. 测量设备

测量设备是测量不确定度的主要来源之一，包括测量仪器的机构误差、原理误差、调整误差、量值误差、变形误差等给测量性能带来的影响。当整个测量过程是由若干仪器共同参与完成时，通常这些设备都可能带来测量不确定度，为便于分析，一般根据测量要求或量值传递（或溯源）特性，按这些设备在该测量系统中的地位，将其分为主要测量仪器（计量检定或校准中称为计量主标准器）和配套仪器（计量检定或校准中称为计量配套设备）两类。例如，在检定温度计时，标准温度计（计量主标准器）的示值误差及热源（计量配套设备）所提供温场的稳定性和均匀性等均会给温度计的检定结果带来影响。测量设备带来的测量不确定度主要包括两个方面，一是测量仪器的计量性能，例如，用天平检定砝码时，天平虽然不是主要测量设备（计量主标准器），但给检定结果带来的影响是不容忽视的；二是标准器的值是否准确，例如，标准砝码、标准电阻、拉（压）力传感器、扭力传感器、标准温度计、量块等通常在测量中作为标准器使用，其准确度、测量不确定度或最大允许误差将作为相应测量系统不确定度评定的信息来源。有些场合无法区分计量主标准器和计量配套设备，可以将整套测量系统合并考虑；对于能够区分的场合，既可以将计量主标准器与计量配套设备作为整体进行检定或测量不确定度评定，又可以单独进行检定或测量不确定度评定。

2. 测量方法

测量方法也是测量不确定度的主要来源之一，它包括测量方法的不理想，以及与测量方法和测量程序有关的近似性和假定性。

3. 影响量

测量离不开环境，标准数据或相关的常数等在测量中经常被引用，但环境不可能绝对稳定，标准数据或相关的常数也不可能绝对准确等。在实际测量过程中，对环境影响的认识不周全或对环境条件的测量与控制不完善，以及引用的数据或其他参数的不确定度等均会给测量结果带来测量不确定度，尤其是在测量准确度要求比较高时，对相应环境条件的要求和限制也是比较严格的，环境的微小变化都可能给测量结果带来较大影响。

4. 被测量

从定义讲，被测量应是一个稳定、均匀的量，这只是相对而言的，由于被测量不稳定、代表性差、样品制备水平不高等原因，以及对被测量的定义不完整（即定义或限定的条件有漏洞等），均会给测量结果带来测量不确定度，有时甚至会比较大。

5. 人员

人员是测量试验的主体，因此，人员的技能水平、状态发挥直接影响着操作质量，对操作技能、经验等要求比较高的项目更是如此。例如，对模拟显示仪表的估读或对线（瞄准）操作（受分度线的宽度及其相邻间距、指针或刻线的宽度、视觉误差等因素的影响）、数据修约有效位数的确定等，均可能给测量结果带来不可忽略的影响。

在重复观测过程中，上述五个方面的因素均可能产生影响，但不一定包括所有因素，例如，数字显示仪表分辨力带来的影响是在重复观测过程中无法得到反映的，在评定时应作为一个独立的影响因素。另外，在量值传递的各个环节中，被测对象肯定包含其主要测量设备（计量主标准器）所引入的测量不确定度，测量不确定度始终是沿着量值传递的路径传播的。关于重复测量引入的测量不确定度，若每个单项引用 B 类评定，则有时可不单独评定重复性因素，这是由于各种相关设备的检定或校准结果之中已经包括了重复测量引入的测量不确定度分量，虽然检定设备时这一分量的影响程度与使用该设备可能有一定的差异，但对于操作技能对测量准确度影响很小、测量系统比较完备、环境条件影响很小、测量过程中不足以对测量产生明显的随机性影响的项目，这种差异通常是很小的，甚至完全可以忽略，在这种情况下，通常不必另行分析重复性测量的影响。

4.3.4　测量不确定度评定的分类

在分析出测量不确定度的来源后，就要根据被测对象的准确度水平，以及各个输入量或影响量（也可统称为分量）的具体特点，采用相应的方法进行评定。评定测量不确定度的方法有两类：测量不确定度的 A 类评定和测量不确定度的 B 类评定，测量不确定度的 A 类评定简称为 A 类不确定度，测量不确定度的 B 类评定简称为 B 类不确定度。

测量不确定度的 A 类评定：这类评定要通过测量试验，对相应的分量进行多次测量，根据一定的准则进行严格的统计计算，求出标准（偏）差 S，将标准（偏）差 S 作为相应分量的标准不确定度。

测量不确定度的 B 类评定：这类评定不对相应的分量进行测量，而是根据相应的信息来源、经验和有关专业知识，合理地判断或假设所服从的先验分布，再求出标准（偏）差 S，并将标准（偏）差 S 作为相应分量的标准不确定度。

测量不确定度的 A 类评定是用统计方法进行的评定，它基于频率分布，比 B 类评定客观，标准（偏）差 S 的可靠程度与测量次数 n 有关，计算比较复杂；测量不确定度的 B 类评定是用非统计方法进行的评定，它基于先验分布，不要求进行测量试验，其可靠程度与信息来源的可靠程度有关，计算相对简单。

尽管测量不确定度的 A 类评定通常被简称为 A 类不确定度，测量不确定度的 B 类评定被简称为 B 类不确定度，但他们不是测量不确定度的两个方面，而仅仅是两种评定方法而已，因此不应该在评定时将每个分量都分成 A 类不确定度和 B 类不确定度，或在评定时刻意追求 A 类分量和 B 类分量，它与"误差分为系统误差和偶然误差"有本质上的不同。

原则上讲，对任何分量都可以选用 A 类评定或 B 类评定进行不确定度的评定，但由于 A 类评定是通过实际测量试验进行的，试验中通常同时包含测量设备、环境、测量方法、被测量、人员等方面若干个因素（或分量）对测量结果的综合影响，而且这些影响及其程度是不以任何人的意志为转移的，同时这些因素之间又是紧密联系、相辅相成的，因此，可以说 A 类评定实际上是若干个分量（每个分量原则上均可单独用 B 类评定进行评定）的自然合成。试图只对单一或部分因素的影响进行测量而排除其他因素影响的试验是较难实现的，有时甚至是不可能的，例如，试图设计出不包含环境因素影响，而只包含测量原理因素影响的试验是相当不容易的。但 A 类评定可能包含人们还没有认识到的影响因素，这是 B 类评定所不及的。需要说明的是，如果已知某个分量的具体（系统）误差值，切不可将该误差值作为评定该分量测量不确定度的依据，而只能将该误差值本身的测量不确定度（如果有且必要的话）作为评定该分量测量不确定度的依据。

4.3.5 测量不确定度 A 类评定

测量不确定度 A 类评定的目的在于采用统计方法得到相应的标准（偏）差或试验标准（偏）差，以及相应的自由度，它基于频率分布。获得可靠评定结果的关键在于测量试验的设计、实施及相应的数据处理方法。

1. 测量试验的设计

由于试验中通常同时包含若干个因素（或分量）的共同影响，如果试图在测量中只保留某个或部分因素的影响而排除其他因素的影响，就需要对试验的相关条件进行限制，达到抑制其他因素对试验产生作用的目的，这种做法不是对所有情况都是可行的，甚至在大部分情况下是很难实现的。

2. 异常数据的剔除

测量中难免出现异常数据（即以往所称的过失误差），一旦出现异常数据，必须先消除其对最终测量结果的影响，一般采用剔除异常数据或赋予不同权重的方法进行处理，然后才能进行其他数据处理，为简化操作，通常采用剔除异常数据的方法进行处理。

过去常用莱因达准则来判断和剔除异常数据，值得注意的是，运用莱因达准则判断和剔除异常数据有两个限定条件，一是测量数据要服从正态分布，二是测量次数 n 必须大于 10（一般最好大于 12）的情形，否则，判断异常数据的可靠性将会降低。符合上述条件剔除的异常数据具有 99% 的可靠性。但实际测量中，往往剔除异常数据的可靠性不一定必须达到 99%，更重要的是，一般测量次数 n 往往小于 10，在这种情况下，莱因达准则的运用就受到限制了。格拉布斯准则可以认为是对莱因达准则的改进和完善，不存在上述限制条件。

狄克逊准则也是人们常用的判断和剔除异常数据的准则，它的本质思想是根据不同的样本量 n 选取不同的类似于极差比的值，将其与相应的界限值（查表）比较，进而辨别和剔除异常数据，具体方法可见本章 4.2.3 小节。

上述剔除异常数据的方法有一个共同的原则，就是一次只能剔除一个残差最大的数据。根据具体情况，还可以按 GB/T 4883—2008《数据的统计处理和解释 正态样本离群值的判断和处理》中提供的其他方法判断和剔除异常数据（即离群值），当然，也可根据经验判断剔除异常数据，但其可靠性有可能受到一定程度的影响。

3. 求标准不确定度、自由度的方法

分量不确定度评定的目的在于获得测量数据的标准偏差。如果总体（即被测量）的标准偏差 σ（标准不确定度）已知，便可以直接引用，但这种情况极为少见，只能通过若干次测量，在确认完成了判断和剔除异常数据后，再根据可靠的信息对相关数据进行必要的修正，然后再按测量数学模型进行相应的数据处理，得到试验标准偏差。测量后计算试验标准偏差主要有两种方法。

（1）方法一：贝塞尔公式法　贝塞尔公式为

$$S^2 = \frac{1}{n-1}\sum_{i=1}^{n}(x_i - \bar{x})^2 = \frac{1}{n-1}\Big[\sum_{i=1}^{n}x_i^2 - \frac{1}{n}\Big(\sum_{i=1}^{n}x_i\Big)^2\Big] = \frac{1}{n-1}\Big(\sum_{i=1}^{n}x_i^2 - n\bar{x}^2\Big) \quad (4\text{-}12)$$

式中　S——n 次测量结果的试验标准偏差；

　　　$\bar{x}$——n 次测量结果的算术平均值；

　　　n——测量次数；

　　　x_i——第 i 次测量结果。

用贝塞尔公式计算样本标准偏差 $S(x_i)$，是人们最常用的计算样本标准偏差的方法，于是取 $u(x_i)=S(x_i)$。可以看到，如果采用莱因达准则或格拉布斯准则判断和剔除异常数据，在完成异常数据的判断和剔除后，实际上已经得到了样本标准偏差 $S(x_i)$。在实际测量中，通常取 n 次测量结果的平均值为最终测量结果，在这种情况下，就需要求平均值的标准偏差 $S(\bar{x})$，此时 $u(\bar{x})=S(\bar{x})=S(x_i)/\sqrt{n}$。这种方法的计算工作量与测量次数 n 直接相关，n 越大则计算越复杂。用贝塞尔公式计算的测量次数为 n 的样本标准偏差 $S(x_i)$ 的自由度 $\nu=n-1$。

在 x_i 的分布可以估计为正态分布的条件下，也可采用下面对贝塞尔公式进行简化后的彼得斯法，即

$$u(x) = S(x_i) = \sqrt{\frac{\pi}{2}}\frac{1}{\sqrt{n(n-1)}}\sum_{i=1}^{n}|x_i - \bar{x}| \approx 1.253\frac{1}{\sqrt{n(n-1)}}\sum_{i=1}^{n}|x_i - \bar{x}| \quad (4\text{-}13)$$

式中　S——n 次测量结果的试验标准偏差；

　　　$\bar{x}$——n 次测量结果的算术平均值；

　　　n——测量次数；

　　　x_i——第 i 次测量结果。

彼得斯法的自由度见表 4-4。

表 4-4　彼得斯法的自由度

n	5	6	7	8	9	10	15	20
ν	3.6	4.5	5.4	6.2	7.1	8.0	12.4	16.7

（2）方法二：极差法　在单次测量接近正态分布的前提下，对样本进行 n 次独立测量，计算结果中的最大值与最小值之差称为极差。于是，单次测量结果的试验标准偏差可按 $S(x_i)=R/C$ 近似地评定，其中，R 为极差，C 为根据 n 从表 4-5 中查得的极值系数，同时查得对应的自由度。极差法适用的测量次数 $n=2\sim9$，由于当 $\nu<4$ 时，自由度的较小变化会导致包含因子 k_p 的较大变化，尤其是当置信概率 p 比较大时，更是如此，因此，极差法一般适用于 $\nu\geqslant4$ 的情形。极差法的计算比贝塞尔公式法要少得多，这也是相关人员选用它的原因。正因为它没有利用所有的数据信息，从而导致自由度降低。从表 4-5 就可以看出，用极差法评定出的标准不确定度的自由度比贝塞尔公式法的低，即可靠性低。

表 4-5　极差法的极差系数和自由度

n	2	3	4	5	6	7	8	9
C	1.13	1.64	2.06	2.33	2.53	2.70	2.85	2.97
ν	0.9	1.8	2.7	3.6	4.5	5.3	6.0	6.8

对于 A 类评定，一般要求测量次数 $n \geqslant 6$；对合成不确定度贡献较大的分量，n 不宜太小；对合成不确定度贡献较小的分量，n 小一些也没关系。

4.3.6 测量不确定度 B 类评定

测量不确定度 B 类评定的目的在于采用非统计方法得到的标准偏差，以及相应的自由度，它基于先验分布，其可靠性取决于所依据的信息来源的可靠性。

1. 测量不确定度 B 类评定的信息来源

测量不确定度 B 类评定的信息来源包括以下六个方面：

（1）以前的观测数据　以前的观测数据可以作为测量不确定度的评定依据，主要是指以前通过观测数据计算出的标准不确定度及其自由度，此时应特别注意所引用的观测数据与被评定对象的对应性，而且其测量条件不应有明显的变化。例如，按计量检定规程对某计量器具进行检定后，评定出了测量不确定度，半年后再次检定时，只要设备、环境等条件没有发生明显的变化，就可以直接引用上次评定出的测量不确定度，如果相关设备在这期间进行了维修或调整，则不能直接引用。

（2）对有关技术资料和测量仪器特性的了解和经验　数字式仪表读数分辨力带来的测量不确定度来源于相应模拟量的量化误差，即模拟量（连续）到数字量（序列）的转换误差。

（3）生产部门提供的技术说明文件　生产部门提供的技术说明文件中所提供的有关设备的准确度等别或级别、最大允许误差或测量不确定度，可以作为对相关设备引入的测量不确定度评定所依据的信息。这类信息一般用于校准的测量不确定度评定，对于计量检定（法制计量）来说，检测设备必须溯源，而溯源证书的信息可靠性一般要比技术说明文件提供的信息高得多，所以，一般不直接引用技术说明文件提供的信息来进行测量不确定度评定。

（4）校准证书、检定证书或其他文件提供的数据、准确度的等别或级别、最大允许误差　校准证书中对有关计量仪器的赋值包括必要的校准结果的测量不确定度及其必要的相关信息（自由度所服从的分布），以及检定证书中给出的测量仪器所属的等别或级别、最大允许误差等，可以作为信息对相关设备引入的不确定度进行评定。对于计量检定（法制计量）来说，这类信息是进行测量不确定度评定时引用的重点。

（5）手册或某些资料给出的参考数据及其测量不确定度　手册上给出的基本物理量、常数等可用于对测量不确定度分量的评定。

（6）重复性限 r 或复现性限 R　规定试验方法的国家标准或类似技术文件中给出的重复性限 r 或复现性限 R 可用于对测量不确定度分量的评定。

2. 测量不确定度 B 类评定的方法

找到信息来源后，就可对有关分量进行测量不确定度的评定了。对于上述信息可根据不同情况选用如下方法进行。

当扩展不确定度 U 未知时，如果已知数据分布区间的半宽 a，则可按置信概率 p 来估计包含因子 k，置信概率 p 一般取 0.95 或 0.99，于是 $u(x_i) = a/k$。估计包含因子 k 要考虑具体的分布特征，常用的分布特征及其包含因子见表 4-6。

表 4-6 常用的分布特征及其包含因子

分布类别	$p(\%)$	k	$u(x_i)$	分布类别	$p(\%)$	k	$u(x_i)$
正态	99.73	3	$\dfrac{a}{3}$	均匀	100	$\sqrt{3}$	$\dfrac{a}{\sqrt{3}}$
三角	100	$\sqrt{6}$	$\dfrac{a}{\sqrt{6}}$	两点	100	1	a
梯形	100	2	$\dfrac{a}{2}$	反正弦	100	$\sqrt{3}$	$\dfrac{a}{\sqrt{3}}$

对于已知产品说明书、技术条件、图样、手册、校准或检定证书等只给出误差范围、准确度等级、最大允许误差等的情形，一般认为区间内的任何值是真值的可能性相同，故按均匀分布进行评定。

3. 分布特征的识别

在实际评定中，下述原理常用于判断分布类型。

（1）正态分布

1）重复条件或复现条件下多次测量的算术平均值的分布。

2）被测量 Y 用扩展不确定度 U_p 给出，而对其分布又没有特殊指明时，估计值 Y 的分布。

3）被测量 Y 的合成标准不确定度中，相互独立的分量较多，它们之间的大小也比较接近时 Y 的分布。

4）被测量 Y 的合成标准不确定度中，相互独立的分量中，量值较大的分量（起决定作用的分量）接近正态分布时。

（2）矩形（均匀）分布

1）数据修约导致的测量不确定度。

2）数字式测量仪器对示值量化（分辨力）导致的测量不确定度。

3）测量仪器由于滞后、摩擦效应导致的测量不确定度。

4）按级使用的数字式仪表、测量仪器最大允许误差导致的测量不确定度。

5）平衡指示器调零不准导致的测量不确定度。

（3）三角分布

1）相同修约间隔给出的两个独立量之和或差，由修约导致的测量不确定度。

2）因分辨力引起的两次测量结果之和或差的测量不确定度。

3）用替代法检定标准电子元件或测量衰减时，调零不准导致的测量不确定度。

4）两个相同均匀分布的合成。

（4）反正弦分布（U形分布）

1）度盘偏心引起的测角不确定度。

2）正弦振动引起的位移不确定度。

3）无线电中失配引起的测量不确定度。

4）随时间正余弦变化的温度不确定度。

（5）两点分布　例如，量块按级使用时，由于其出厂时按级筛选，故此时服从两点分布，而不是均匀分布。

（6）投影分布

1）当 x_i 受到 $1-\cos\alpha$ （角度 α 服从均匀分布）影响时，x_i 的概率分布。

2）安装或调整测量仪器的水平或垂直状态导致的不确定度。

4. 测量不确定度 B 类评定结果的自由度

依据信息来源的可信程度判断 $u(x_i)$ 的标准不确定度，即 $\nu_i = \dfrac{1}{2}\left\{\dfrac{\sigma[u(x_i)]}{u(x_i)}\right\}^{-2}$，其中 $\dfrac{\sigma[u(x_i)]}{u(x_i)}$ 是指用概率表示的信息来源的不可靠程度，如 10%（即 90%可靠）；数显仪器的自由度 $\nu \to \infty$，指示类仪器的自由度 ν 较低。

4.3.7　测量不确定度的合成

对有关被测量的所有分量标准不确定度的合成是测量不确定度评定中非常关键的环节。在标准不确定度的合成过程中，需要注意的是，传播系数对相应分量的影响、有关分量的相关性、对线性数学模型或非线性数学模型两种情形下的合成方法。

1. 传播系数对相应分量的影响

参与合成的各分量的标准不确定度，必须是考虑了传播系数（或称灵敏系数）影响后的标准不确定度，也就是在标准不确定度的合成之前，应根据测量数学模型将每个分量的标准不确定度乘以传播系数 C_i，转换成与输出量"相匹配"的标准不确定度，即 $u_i(y) = c_i u_i(x)$，测量不确定度的合成是将若干 $u_i(y)$ 合成为 $u_c(y)$。

2. 分量间的相关性

在进行测量不确定度的合成时，必须要考虑到各分量间是否存在相关性的问题。例如，若采用相同测量仪器的相同量程段测量，不同的被测量，则可能导致相关；不同的分量，具有相同的影响因素时，可能导致相关等。相关的分量之间不存在相互影响关系，它们各自的变化是共同因素影响的结果，相关的分量之间在这种意义上的地位是平等的，只不过每个分量对被测量的影响程度可能不同。例如，相同标称值的电阻串联、电池串联、量块叠加、砝码叠加等就属于这种情况。在实际应用中，应尽量做到各分量间相互独立，避免相关性。如果相关因素引入的测量不确定度很小，则可以忽略相关性。

3. 标准不确定度的合成方法

如果存在分量间相互独立，采用式（4-14）进行合成。

$$u_c^2(y) = \sum_{i=1}^{n}\left[\frac{\partial f}{\partial x_i}u(x_i)\right]^2 \tag{4-14}$$

对于分量间完全相关的情形采用式（4-15）进行合成。

$$u_c(y) = \sum_{i=1}^{n}\left[\frac{\partial f}{\partial x_i}u(x_i)\right] \tag{4-15}$$

如果存在部分分量间相关，则计算特别复杂，一般情况下采用分组的方法合成，即先根据专业经验识别出直接的强相关分量，将这些分量分到同一组，按完全相关进行单独合成，得到中间结果，再将中间结果作为单独项与其他分量合成；若是分量间存在较弱的相关，可以忽略其相关带来的影响。

4.3.8　扩展测量不确定度

1. 扩展的目的

对合成标准不确定度进行扩展，目的在于使被测量的大部分数据在一定的置信概率下落在此区间内，可期望在区间 $[y-U,\ y+U]$ 内包含了测量结果可能值的较大部分，并通过规范的叙述来表明合成标准不确定度及其自由度和分布特征。

当只给出置信概率时，一般指正态分布；当既给出置信概率又给出自由度时，则指 t 分布；对于其他分布，除给出置信概率和自由度，同时还要描述出分布特征。

如果未描述置信概率、自由度和分布特征，而是只给出扩展不确定度 U 时（由直接选取的包含因子计算得出），一般意味着不必关心其各分量及合成标准不确定度的自由度 ν_i 或 ν_{eff} 及其分布特征。推荐在准确度要求不是很高的情况下使用这种方法。

2. 扩展的方法

对于合成标准不确定度的置信概率 p 及服从何种分布无关紧要的情形，包含因子通常直接取 $k=2$ 或 3，得 $U=ku_c$。在置信概率 p 一定时，包含因子与自由度直接相关，而且当自由度较大时，包含因子变化很小，并且非常接近 2 或 3，因此在进行计量标准技术分析时，由于其不确定度的自由度通常要求较大，包含因子通常直接取 $k=2$ 或 3；否则，应取置信概率 p，必要时还要给出自由度、分布特征，进而确定 k_p，最终得到 $U_p=k_p u_c$（如 U_{99}）。

合成标准不确定度的分布特征，取决于各分量的特征及其在总量中所占的比重。当各分量相差不大时，若测量次数 n 较大（$n\geq 6$），则可认为服从正态分布；若 n 较小（$n<6$），则视具体情况考虑，参见 4.3.6 小节的相关内容；当各分量相差比较大时，则分布表现为贡献大的分量的分布特征。

当合成标准不确定度服从正态分布时，根据选定的置信概率 p 查表得到 k_p，$U_p=k_p u_c$；当合成标准不确定度服从 t 分布时，合成标准不确定度 $u_c(y)$ 的自由度称为有效自由度 ν_{eff}，可由韦尔奇-萨特思韦特（Welch-Satterthwaite）公式计算，即

$$\nu_{\text{eff}}=\frac{u_c^4(y)}{\sum\dfrac{u_i^4(y)}{\nu_i}}=\frac{u_c^4(y)}{\sum\dfrac{c_i^4 u_i^4(x)}{\nu_i}}$$

出于保守考虑，有效自由度 ν_{eff} 的修约原则是"只舍不入"。

t 分布在不同置信概率 p 与自由度 ν 的 $t_p(\nu)$ 值见表 4-7。根据自由度和置信概率 p 按 t 分布查表 4-7，得 $k_p=t_p(\nu)$，如表 4-7 中无相应的自由度可采用内插法进行计算，从而得到 k_p。

4.3.9　测量不确定度评定示例

以光电直读光谱仪测定低合金钢中的碳元素为例，评定其测量不确定度。

表 4-7　t 分布在不同置信概率 p 与自由度 ν 的 $t_p(\nu)$ 值

自由度 ν	$P(\%)$					
	68.27	90	95	95.45	99	99.73
1	1.84	6.31	12.71	13.97	63.66	235.80
2	1.32	2.92	4.30	4.53	9.92	19.21
3	1.20	2.35	3.18	3.31	5.84	9.22
4	1.14	2.13	2.78	2.87	4.60	6.62
5	1.11	2.02	2.57	2.65	4.03	5.51
6	1.09	1.94	2.45	2.52	3.71	4.90
7	1.08	1.89	2.36	2.43	3.50	4.53
8	1.07	1.86	2.31	2.37	3.36	4.28
9	1.06	1.83	2.26	2.32	3.25	4.09
10	1.05	1.81	2.23	2.28	3.17	3.96
11	1.05	1.80	2.20	2.25	3.11	3.95
12	1.04	1.78	2.18	2.23	3.05	3.76
13	1.04	1.77	2.16	2.21	3.01	3.69
14	1.04	1.76	2.14	2.20	2.98	3.64
15	1.03	1.75	2.13	2.18	2.95	3.59
16	1.03	1.75	2.12	2.17	2.92	3.54
17	1.03	1.74	2.11	2.16	2.90	3.51
18	1.03	1.73	2.10	2.15	2.88	3.48
19	1.03	1.73	2.09	2.14	2.86	3.45
20	1.02	1.72	2.09	2.13	2.85	3.42
25	1.02	1.71	2.06	2.11	2.79	3.33
30	1.02	1.70	2.04	2.09	2.75	3.27
35	1.01	1.70	2.03	2.07	2.72	3.23
40	1.01	1.68	2.02	2.06	2.70	3.20
45	1.01	1.68	2.01	2.06	2.69	3.18
50	1.01	1.68	2.01	2.05	2.68	3.16
100	1.005	1.660	1.984	2.025	2.626	3.077
∞	1.000	1.645	1.960	2.000	2.576	3.000

1. 不确定度来源分析

光电直读光谱仪测定低合金钢中的碳元素时，测量不确定度主要来自试样的物理结构差异及不均匀性、电火花光源的不稳定性、光电倍增管负高压的不稳定性、高纯氩气的纯度和稳定性、光电流与光强的转换过程、温湿度变化引起的分光系统的漂移、校准曲线的线性拟合、标准物质的定值。其中，前 5 个因素对测量结果产生的测量不确定度集中体现在校准曲线回归拟合引入的测量不确定度；由于每次的试验环境是严格控制的，可以认为仪器标准化后的一定时间内温度和湿度几乎不发生变化，温度和湿度变化引起的分光系统的漂移对测量结果所产生的测量不确定度予以忽略。因此，光电直读光谱仪测定低合金钢中的碳元素时，测量不确定度主要来自试样的物理结构差异、校准曲线的回归拟合和标准物质的定值。

2. 测量不确定度的 A 类评定

A 类评定的计算由统计方法得到，选定一个低合金钢试样，按照操作规程进行 11 次重复测量，测量结果见表 4-8。

表 4-8　测量结果　　　　　　　　　　　　　　　　　　　（%）

11 次测量结果						平均值
0.236	0.240	0.241	0.241	0.238	0.235	0.238
0.244	0.233	0.238	0.237	0.235	—	

试验标准偏差 S 采用贝赛尔法计算获得，即

$$S = \sqrt{\frac{1}{n-1}\sum_{i=1}^{n}(x_i - \overline{x})^2} = 0.003$$

式中　x_i——第 i 次的测量值；

　　　$\overline{x}$——平均值。

碳含量 A 类标准不确定度 u_A 计算得

$$u_A = \frac{S}{\sqrt{n}} = 0.0009$$

其自由度 $\nu_A = n-1 = 10$。

3. 测量不确定度的 B 类评定

（1）标准物质定值的标准不确定度 u_b 的评定　使用的标准物质为国家有证标准物质，标准物质碳的质量分数及标准偏差见表 4-9。

表 4-9　标准物质碳的质量分数及标准偏差　　　　　　　（%）

编号	GBW01328	GBW01329	GBW01330	GBW01331	GBW01332	GBW01333
碳的质量分数	0.0332	0.188	0.283	0.392	0.506	0.569
标准偏差	0.0023	0.004	0.009	0.005	0.006	0.0005

根据被测样品的碳含量范围，对应的标准物质为 GBW01329，其标准偏差为 0.004，标准物质定值的标准不确定度 $u_b = 0.004$，标准物质的定值是经 ISO 9001 国际质量体系认证的，可认为其自由度 $\nu_b = \infty$。

（2）设备检定不确定度评定　按照检定规程规定，使用中的光电直读光谱仪必须进行精密度试验，选定 GBW01330 标准样品，重新校准曲线后在重复性条件下进行 12 次精密度试验，精密度试验结果见表 4-10。

根据表 4-10 可得，光电直读光谱仪精密度的相对标准偏差为 1.41%，低于检定规程中规定的 3%，可以投入正常使用，而由设备检定所引入的测量不确定度 $u_j = 0.003$，自由度 $\nu_j = \infty$。

表 4-10　精密度试验结果　　　　　　　　　　　　　　　　　　（%）

12 次测量结果						标准偏差	相对标准偏差
0.279	0.276	0.280	0.288	0.286	0.276	0.004	1.41
0.276	0.282	0.284	0.277	0.281	0.283		

（3）B 类测量不确定度的合成　　由于各分项的测量不确定度来源彼此独立不相关，按照式（4-13）合成 B 类测量不确定度为

$$u_B^2 = u_b^2 + u_j^2 = 0.004^2 + 0.003^2 = 0.000025$$

可求得 $u_B = 0.0050$。

其自由度为

$$\nu_B = \frac{u_B^4}{\dfrac{u_b^4}{\nu_b} + \dfrac{u_j^4}{\nu_j}}$$

将 $u_B = 0.0050$，$u_b = 0.004$，$u_j = 0.003$，$\nu_b = \infty$，$\nu_j = \infty$ 代入，得 $\nu_B = \infty$。

4. 测量不确定度的合成

以上分别进行了碳含量测量结果测量不确定度 A 类和 B 类评定，其合成标准不确定度为

$$u_c^2 = u_A^2 + u_B^2 = 0.0009^2 + 0.0050^2 = 0.00002581$$

可求得 $u_c = 0.0051$。

其自由度为

$$\nu_c = \frac{u_c^4}{\dfrac{u_A^4}{\nu_A} + \dfrac{u_B^4}{\nu_B}}$$

将 $u_c = 0.0051$，$u_A = 0.0009$，$u_B = 0.0050$，$\nu_A = 10$，$\nu_B = \infty$ 代入，得 $\nu_c = 10311$。

5. 扩展不确定度的评定

采用赋予法，取 $k = 2$，$p \approx 95\%$，则 $U_p = 0.011\%$。

6. 本次测量不确定度报告

$w(C) = (0.238 \pm 0.011)\%$；$k = 2$。

第5章

光电直读光谱分析应用实例

　　火花放电原子发射光谱分析技术因其高效、快速、简便、准确的优点而广泛应用于各种金属材料的分析领域，其相关标准见表 5-1。

表 5-1　火花放电原子发射光谱分析技术的相关标准

标准编号	标准名称
GB/T 14203—2016	火花放电原子发射光谱分析法通则
GB/T 4336—2016	碳素钢和中低合金钢　多元素含量的测定　火花放电原子发射光谱（常规法）
GB/T 11170—2008	不锈钢　多元素含量的测定　火花放电原子发射光谱法（常规法）
GB/T 24234—2009	铸铁　多元素含量的测定　火花放电原子发射光谱法（常规法）
GB/T 26042—2010	锌及锌合金分析方法　光电发射光谱法
GB/T 7999—2015	铝及铝合金光电直读发射光谱分析方法
GB/T 13748.21—2009	镁及镁合金化学分析方法　第21部分：光电直读原子发射光谱分析方法测定元素含量
GB/T 11066.7—2009	金化学分析方法　银、铜、铁、铅、锑、铋、钯、镁、锡、镍、锰和铬量的测定　火花原子发射光谱法
GB/T 4103.16—2009	铅及铅合金化学分析方法　第16部分：铜、银、铋、砷、锑、锡、锌量的测定　光电直读发射光谱法
YS/T 482—2022	铜及铜合金分析方法　火花放电原子发射光谱法
YS/T 559—2009	钨的发射光谱分析方法
YS/T 558—2009	钼的发射光谱分析方法
YS/T 959—2014	银化学分析方法　铜、铋、铁、铅、锑、钯、硒和碲量的测定　火花原子发射光谱法
YS/T 1036—2015	镁稀土合金光电直读发射光谱分析方法
SN/T 2083—2008	黄铜分析方法　火花原子发射光谱法
SN/T 2489—2010	生铁中铬、锰、磷、硅的测定　光电发射光谱法
SN/T 2786—2011	镁及镁合金光电发射光谱分析法
CSM 01 01 01 05—2006	火花源发射光谱法测定低合金钢　测量结果不确定度评定规范

　　本章将结合多种型号的直读光谱仪介绍其在碳素钢和中低合金钢，铸铁，不锈钢，铜、铝及其合金等金属材料分析中的应用。

5.1　碳素钢和中低合金钢的光谱分析

5.1.1　PDA-7000 光电直读光谱仪简介

　　PDA-7000 光电直读光谱仪采用日本岛津公司独创的时间分解测光法，即脉冲分布分析

法 (Pulse Distribution Analysis Method, PDA)。

时间分解测光法是在激发时记录每一个脉冲,并按时间顺序排列后,将脉冲按高低频数制作分布图,依据统计学的原则对脉冲信号进行处理,去除各种因素造成的不正常的脉冲,然后再积分得到强度。

该设备可以将样品在激发时由于样品存在的气孔、裂纹等缺陷及夹杂物产生的不正常的脉冲除去,减少因此而引起的分析误差;可以提高元素的分析精度,尤其提高了痕量元素的分析精度,同时降低了分析下限;可以将固溶元素和非固溶元素的脉冲区分开,从而进行某些元素的状态分析。

元素在激发时由于元素的性质不同,其发光相位的状态和强度特征是不同的,时间分解测光法利用了这一现象。时间分解测光法是利用微秒级的高速快门按照不同的相位段截取最佳的脉冲信号。经过 PDA 的处理,提高了多种元素同时分析的范围,同时提高了分析的灵敏度、精度和分析速度,从而能够进行某些元素的状态分析。

该设备的分光装置为凹面全息离子刻蚀衍射光栅柏邢-龙格装置;刻线数为 2400 条/mm;波长范围是 120~589nm,最多 64 通道;测光元器件为光电倍增管。

为避免 C、P、S、B 等光谱线受到空气中氧的吸收影响,必须保持分光器内真空。该设备采用不易受温度变化影响的真空型分光室,并且因分光室处于恒温,可以得到非常稳定的分析结果。

该设备可以根据分析范围、分析元素选择最佳放电条件,根据不同元素分别使用高能量放电、重现性良好的电火花放电和灵敏度良好的电弧火花放电等。组合使用可设定最佳放电条件,分别采用时间分解测试,实现高精度分析。此外,该设备也适用于 0.01mm 厚度的试样和小口径试样。

该设备可以实现钢铁中氮的高灵敏度分析,钢中氮对力学性能的影响很大,相关企业期望炼钢工艺管理分析的快速化,而该设备在炉中分析中是作为气体分析仪的代用品而开发的,检测下限达 0.0005%,因此可实现减轻取样操作和缩短分析时间的目的。另外,在铸造铁中也可利用氮的管理除去缺陷,提高合格率。

该设备可以实现钢中微量元素的高灵敏度分析,由于高纯度铁的制造技术的确立要求 C、P、S 等在更微量区域的工序管理。该设备采用时间分析测光法快速简便地进行百万分之一级的分析,符合这方面的要求。

该设备的电极清洗不仅可以使用过去的反向放电方法,而且还可采用刷子方法,因此电极的使用寿命达到过去的 10 倍。另外,可选购自动电极清洗装置,自动用刷子除去附着在对电极上的试样蒸发物,经常保持电极的清洁状态,提高长期稳定性。由于该设备同时配备了自动试样压紧机构,任何人都可在同样条件下放置试样。对电极的自动清洗:样品在激发时,若样品上的蒸发物聚集在对电极尖端上,会影响下一次的分析,所以在每一次激发后,执行一次自动清洗,保证每一次激发时对电极的条件一致。

5.1.2 光谱分析技术要求

碳素钢和中低合金钢的光谱分析标准主要有:GB/T 4336—2016《碳素钢和中低合金

钢　多元素含量的测定　火花放电原子发射光谱法（常规法）》、JIS G 1253：2013《铁、钢火花源原子发射光谱分析方法》、ASTM E415-08《碳素钢和低合金钢原子发射真空光谱分析方法》。本节主要介绍 GB/T 4336—2016《碳素钢和中低合金钢　多元素含量的测定　火花放电原子发射光谱法（常规法）》。

1. 标准规定的分析范围

该标准规定了用火花放电原子发射光谱法（常规法）测定碳素钢和中低合金钢中碳、硅、锰、磷、硫、铬、镍、钨、钼、钒、铝、钛、铜、铌、钴、硼、锆、砷、和锡含量的方法。

该标准适用于电炉、感应炉、电渣炉、转炉等铸态或锻轧的碳素钢和中低合金钢样品分析，规定了各元素的测定范围。由于标准规定的测定范围较窄，不能满足某些产品的分析要求，后来又发布该国家标准第 1 号修改单，将标准中的表 1 增加一列，"适用范围（质量分数，%）"，原"测定范围（质量分数，%）"改为"定量范围（质量分数，%）"，并增加表注。

GB/T 4336—2016 中各元素的适用范围和定量范围见表 5-2。

表 5-2　GB/T 4336—2016 中各元素的适用范围和定量范围

元素	适用范围（质量分数,%）	定量范围（质量分数,%）	元素	适用范围（质量分数,%）	定量范围（质量分数,%）
C	0.001~1.3	0.03~1.3	Al	0.001~0.16	0.03~0.16
Si	0.006~1.2	0.17~1.2	Ti	0.0007~0.5	0.015~0.5
Mn	0.006~2.2	0.07~2.2	Cu	0.005~1.0	0.02~1.0
P	0.003~0.07	0.01~0.07	Nb	0.0008~0.12	0.02~0.12
S	0.002~0.05	0.008~0.05	Co	0.0015~0.3	0.004~0.3
Cr	0.005~3.0	0.1~3.0	B	0.0001~0.011	0.0008~0.011
Ni	0.001~4.2	0.009~4.2	Zr	0.001~0.07	0.006~0.07
W	0.06~1.7	0.06~1.7	As	0.0007~0.014	0.004~0.014
Mo	0.0009~1.2	0.03~1.2	Sn	0.0015~0.02	0.006~0.02
V	0.0007~0.6	0.1~0.6			

注："适用范围"中低含量段未经精密度试验验证，实验室在测定低含量样品时注意选择合适仪器条件、标准样品等，严格控制，谨慎操作。

2. 原理

制备好的块状样品在火花光源的作用下与对电极之间发生放电，在高温和惰性气氛中产生等离子体。被测元素的原子被激发时电子在原子内不同能级间跃迁，当由高能级向低能级跃迁时产生特征谱线，测量选定的分析元素和内标元素特征谱线的光谱强度。根据样品中被测元素谱线强度（或强度比）与浓度的关系，通过校准曲线计算被测元素的含量。

3. 取样和样品制备

（1）取样　按照 GB/T 20066—2006 的规定取样和制样，取样时应保证取出的分析样品均匀、无缩孔和裂纹。铸态样品取样时应将钢水注入规定的模具中，用铝脱氧时，脱氧剂含量不应超过 0.35%，钢材取样时应选取具有代表性的部位。

（2）样品制备　从模具中取出的样品一般在高度方向的下端 1/3 处截取样品。未经切割的样品其表面应去掉 1mm 的厚度。切割设备采用装有树脂切割片的切割机、金属切削机床等。轧制成品钢材取样应选取具有代表性的部位，同时要注意取样的方法，最好不采用火焰切割，如果采用火焰切割，其切割部位 2cm 范围内不能作为分析部位。

分析样品应足够覆盖火花架激发孔径，通常要求直径大于 16mm，厚度大于 2mm，其他不进行切割的样品其表面必须去掉 1mm 的厚度。同时，保证样品表面平整、洁净，条纹清楚，磨痕一致，不要有任何物质沾污，不能用手接触样品表面，样品表面温度最好不超过室温。如果加工的样品表面温度过高，可以用冷水进行冷却，用抹布擦干后再进行二次加工。研磨设备可采用砂轮机、砂纸磨盘或砂带研磨机，也可采用铣床等设备加工。研磨材料有氧化铝、氧化锆和碳化硅等。研磨材质的粒度通常为 0.25mm ~ 0.124mm。

如果样品较薄，如冷轧薄板和硅钢片等样品，制样时最好采用砂带研磨机，避免出现表面氧化和表面不平整的现象。

标准样品和分析样品应在同一条件下研磨，不得过热。注意：选择不同的研磨材料可能对相关的痕量元素检测带来影响。

4. 标准样品、标准化样品和控制样品

（1）标准样品　标准样品是为绘制校准曲线使用的，其化学性质和组织结构应与分析样品相近似，应涵盖分析元素的含量范围，并保持适当的梯度，分析元素的含量需要用准确可靠的方法定值。

选择不适当的标准样品系列会使分析结果产生偏差，因此对标准样品的选择应充分注意。在绘制校准曲线时，通常使用几个分析元素含量不同的标准样品作为一个系列，其组成和冶炼过程最好与分析样品相似。

（2）标准化样品　由于仪器状态的变化会导致测定结果的偏离，为直接利用原始校准曲线求出准确结果，用 1 ~ 2 个样品对仪器进行标准化，这种样品称为标准化样品。该样品应非常均匀，并要求有适当的含量可以从标准样品中选出，也可专门冶炼。当使用两点标准化时，其含量分别取每个元素校准曲线上限和下限附近的含量。

标准化样品是用来修正由于各种原因引起的仪器测量值对校准曲线的偏离，标准化样品应均匀，并能得到稳定的谱线强度。

（3）控制样品　控制样品是与分析样品有相似的冶金加工过程、相近的组织结构和化学成分，用于对分析样品测定结果进行校正的均匀样品，可以用于类型标准化修正。

控制样品可通过取自熔融状金属铸模成型或金属成品进行自制，在冶炼控制样品时应适当规定各元素含量，使各样品的基体成分大致相等，对控制样品赋值时应注意标准值定值误差，以及数据、方法的可溯源性。

5. 仪器的准备

（1）仪器的存放　光谱仪应按仪器厂家推荐的要求放置在防振、洁净的试验室中，通常室内温度保持在 15 ~ 30℃，相对湿度小于 80%。在同一个标准化周期内，室内温度变化不超过 5℃。

（2）电源　为保证仪器的稳定性，电源电压变化应不超过 ±10%，频率变化不超过 ±2%，保证交流电源为正弦波，根据仪器使用要求配备专用地线。

（3）激发光源 为使激发光源电器部分工作稳定，开始工作前应使其有适当的通电时间。用电压调节器或稳压器设备将供电电压调整到仪器所要求的数值。

（4）对电极 对电极需要定期清理更换，并用极距规调整分析间隙的距离，使其保持正常工作状态。

（5）光学系统 聚光镜应定期清理，并定期描迹以校正入射狭缝位置。

（6）测光系统 停机后重新开机一般应保证足够的通电时间，使测光系统工作稳定。通过制作预燃曲线选择分析元素的适当预燃时间，积分时间是以分析精度为基础进行试验确定的。

6. 校准

（1）校准曲线法 在所选定的工作条件下激发一系列标准样品，原则上使用 5 个水平以上的标准样品，每个样品至少激发 3 次，绘制分析元素的发光强度（或强度比）与含量（或含量比）的关系曲线作为校准曲线。

（2）原始校准曲线法 原始校准曲线法是先使用校准曲线法绘制校准曲线，当光谱仪器因温度、湿度、振动等因素导致谱线产生位移或因发光强度变化导致校准曲线发生漂移时，通过标准化样品对校准曲线的漂移进行整体标准化修正，使修正后的元素强度恢复到最初建立校准曲线时强度的方法。

（3）控制样品法 由于分析样品与绘制校准曲线的标准样品存在冶炼工艺过程和组织结构的差异，常使校准曲线发生变化。为避免这种差异造成的影响，通常使用冶金工艺过程和组织结构与分析样品相近的控制样品，用于控制分析样品的分析结果。

利用标准样品制作原始校准曲线，在日常分析时，在同样的工作条件下，将控制样品与分析样品同时分析，利用控制样品的分析结果与其标准值之间的偏差对分析样品的分析结果进行修正。

7. 分析条件和分析步骤

（1）分析条件 PDA-7000 光电直读光谱仪低合金钢分析条件见表 5-3，推荐的内标线和分析线及通道情报见表 5-4。

表 5-3 **PDA-7000 光电直读光谱仪低合金钢分析条件**

项目		内容			
分析间隙/mm		4			
氩气流量/（L/min）		冲洗：3~15 测量：2.5~10 静止：0~1			
电极		钨电极的电极尖角 120°，电极与试样间距 3mm			
氩气吹扫时间（Ar Flush）/s		3			
顺序（SEQ）		1	2	3	电极清洗
激发条件（Spark Condition）		3Peak	Normal		
预燃时间脉冲数（Pre Spark）		1000	300		
积分时间脉冲数（ITG）		1200	1200		
电极清洗时间脉冲数（Cleaning）					60
监控元素（Monitor Element）		Fe	217.4nm	Fe	287.2nm
		SEQ1	SEQ2	SEQ1	SEQ2
电平（Level-Cut）	H	0	0	0	0
	L	20	20	20	20

表 5-4　推荐的内标线和分析线及通道情报

元素	通道波长（W.L.）/nm	内标波长（Int. Std.）/nm	校准曲线（Calibration Curve）1					校准曲线（Calibration Curve）2				
			顺序（SEQ）	测光方法（P/I）	处理方法（Mode）	测光区域（Area）	跳跃点（Skip）	顺序（SEQ）	测光方法（P/I）	处理方法（Mode）	测光区域（Area）	跳跃点（Skip）
Fe	271.4		1	P	00000	T						
Fe	287.2		1	P	00000	T						
C	156.1	287.2	1	P	92080	S	0.02					
C	165.8	287.2	1	P	92080	S	0.1					
C	193.0	287.2	2	P	92080	T						
Si	212.4	287.2	2	P	92080	T						
Mn	293.3	287.2	2	P	92080	T	1.0					
Mn	290.0	287.2	2	P	92080	T						
Mn	263.8	287.2	2	P	92080	T						
P	178.3	287.2	1	P	92080	S						
S	180.7	287.2	1	P	92080	S	0.1	2	P	92080	T	
Ni	231.6	287.2	2	P	92080	T	1.0					
Ni	227.7	287.2	2	P	92080	T						
Cr	267.7	287.2	2	P	92080	T	1.0					
Cr	298.9	287.2	2	P	92080	T						
Cr	265.9	287.2	2	P	92080	T						
Mo	202.0	287.2	2	P	92080	T	1.0					
Mo	277.5	287.2	2	P	92080	T						
Cu	327.4	287.2	1	P	92080	S	0.02	2	P	92080	T	
Cu	224.2	287.2	2	P	92080	T						
Co	345.3	287.2	1	P	92080	A	0.01					
Co	258.0	287.2	2	P	92080	T						
Sn	189.9	287.2	2	P	92080	T						
Al	394.4	287.2	1	P	92080	A	0.1	2	P	92080	T	
Al	396.1	287.2	1	P	92080	A	0.1	2	P	92080	T	
Sol Al（酸溶铝）		287.2	1	P	63515	A						
Nb	319.5	287.2	2	P	92080	T						
W	220.4	287.2	2	P	92080	T						
As	197.2	287.2	1	P	92080	A						
Ti	337.2	287.2	1	P	92080	S	0.03	2	P	92080	T	
Ti	324.2	287.2	1	P	92080	S						
V	311.0	287.2	2	P	92080	T						
Zr	339.2	287.2	1	P	92080	S						
Zr	349.6	287.2	1	P	92080	S						
Zr	343.8	287.2	1	P	92080	S						
B	182.6	287.2	1	P	92080	S						
Ta	240.0	287.2	1	P	92080	S						

（续）

元素	通道波长（W. L.）/nm	内标波长（Int. Std.）/nm	校准曲线（Calibration Curve）1					校准曲线（Calibration Curve）2				
			顺序（SEQ）	测光方法（P/I）	处理方法（Mode）	测光区域（Area）	跳跃点（Skip）	顺序（SEQ）	测光方法（P/I）	处理方法（Mode）	测光区域（Area）	跳跃点（Skip）
Sb	187.1	287.2	1	P	92080	A						
Ca	396.8	287.2	1	P	92080	A						
Ca	393.3	287.2	1	P	92080	A						
Pb	405.7	287.2	1	P	92080	A						
La	408.6	287.2	1	P	92080	A						
Ce	413.7	287.2	1	P	92080	A						
Bi	306.7	287.2	1	P	92080	A						
Zn	206.1	287.2	1	P	92080	S						
Se	196.0	287.2	1	P	92080	S						
Te	214.3	287.2	1	P	92080	A						
N	149.2	287.2	1	P	92080	S						

（2）分析步骤 按要求准备好仪器。

分析工作前先激发一块样品 2~5 次，确认仪器处于最佳工作状态。

校准曲线的标准化：在所选定的工作条件下激发标准化样品，每个样品至少激发 3 次，对校准曲线进行校正。仪器出现重大改变或原始校准曲线因漂移超出校正范围时，需要重新绘制校准曲线。

校准曲线的确认：分析被测样品前，先用至少一个标准样品对校准曲线进行确认。在满足（测量结果的可接受性）规定的测量精密度的基础上，测量结果与认定值之差满足（实验室测量结果准确度判定）要求，否则应重新进行标准化。

必要时可选择控制样品校正分析样品与绘制工作曲线样品存在的较大差异。

按选定的工作条件激发分析样品，每个样品至少激发 2 次（样品激发 1 次可获得 1 个独立测量结果；在样品激发点的对面位置再激发 1 次获得第 2 个独立测量结果）。按（测量结果的可接受性）要求判断测量结果的可接受性，并确定最终报告结果。

8. 分析结果的计算

根据分析线的相对强度（或绝对强度），从校准曲线上求出分析元素的含量。待测元素的分析结果应在校准曲线所用的一系列标准样品的含量范围内。

（1）精密度 GB/T 4336—2016 的精密度试验分别在 2013 年由 15 个实验室对低合金钢中 14 个元素的 11~22 个水平进行测定，以及在 2014 年由 12 个实验室对中低合金钢中的 5 个元素的 18~36 个水平进行测定。按照 GB/T 6379.1—2004 规定的重复性条件下，每个实验室对每个水平的元素含量测定 2 次。

精密度数据见表 5-5。

重复性限 r、再现性限 R 按表 5-5 给出的方程求得。

在重复性条件下获得的 2 次独立测量结果的绝对值不大于重复性限 r，以大于重复性限 r 的情况不超过 5% 为前提。

表 5-5　精密度数据　　　　　　　　　　　　　　　　　　　（%）

元素	含量范围（质量分数）m	重复性限 r	再现性限 R
C	0.03~1.3	$\lg r = 0.6648\lg m - 1.7576$	$R = 0.0667m + 0.0069$
Si	0.17~1.2	$r = 0.0180m + 0.0018$	$\lg R = 0.5649\lg m - 1.1267$
Mn	0.07~2.2	$r = 0.0146m + 0.0039$	$R = 0.0522m + 0.0111$
P	0.01~0.07	$r = 0.0514m + 0.00002$	$R = 0.1166m + 0.0028$
S	0.008~0.05	$\lg r = 0.7576\lg m - 1.3828$	$R = 0.1868m + 0.0024$
Cr	0.1~3.0	$r = 0.0123m + 0.0002$	$R = 0.0578m + 0.0085$
Ni	0.009~4.2	$\lg r = 0.6141\lg m - 1.6761$	$\lg R = 0.6615\lg m - 1.1099$
W	0.06~1.7	$r = 0.0136m + 0.0046$	$\lg R = 0.6352\lg m - 1.0897$
Mo	0.03~1.2	$\lg r = 0.8588\lg m - 1.7013$	$\lg R = 0.6711\lg m - 1.0788$
V	0.1~0.6	$\lg r = 0.7483\lg m - 1.8447$	$R = 0.0558m + 0.0146$
Al	0.03~0.16	$r = 0.0320m - 0.00006$	$R = 0.1375m + 0.0036$
Ti	0.015~0.5	$\lg r = 0.7208\lg m - 1.4264$	$\lg R = 0.7552\lg m - 1.0257$
Cu	0.02~1.0	$r = 0.0173m + 0.0014$	$\lg R = 0.6627\lg m - 1.0904$
Nb	0.02~0.12	$r = 0.0501m + 0.0007$	$R = 0.1714m + 0.0021$
Co	0.004~0.3	$r = 0.0142m + 0.0005$	$\lg R = 0.7243\lg m - 1.0494$
B	0.0008~0.011	$r = 0.0690m + 0.00002$	$R = 0.2729m + 0.0004$
Zr	0.006~0.07	$r = 0.1155m - 0.0002$	$R = 0.2021m + 0.0019$
As	0.004~0.014	$\lg r = 0.4166\lg m - 2.4561$	$\lg R = 0.7775\lg m - 0.8216$
Sn	0.006~0.02	$r = 0.225m + 0.0003$	$R = 0.0896m + 0.0028$

在再现性条件下获得的 2 次独立测量结果的绝对值不大于再现性限 R，以大于再现性限 R 的情况不超过 5% 为前提。

（2）测量结果的可接受性及最终报告结果的确定

1）在重复性条件下，如果 2 个独立测量结果之差的绝对值不大于 r，可以接受这 2 个测量结果。最终报告结果为 2 个独立测量结果的算术平均值。

2）在重复性条件下，如果 2 个独立测量结果之差的绝对值大于 r，实验室应再测量 1 个或 2 个结果。

① 如果 2 个独立测量结果之差的绝对值大于 r 时，再测量 1 个结果：

当 3 个独立测量结果的极差不大于 $1.2r$ 时，取 3 个独立测量结果的平均值作为最终报告结果。

当 3 个独立测量结果的极差大于 $1.2r$ 时，取 3 个独立测量结果的中位值作为最终报告结果。

此过程可用流程图表示，图 5-1 所示为测量结果可接收性的检查方法流程图（再测量 1 个结果）。

② 如果 2 个独立测量结果之差的绝对值大于 r 时，再测量 1 个或 2 个结果：

如果 3 个独立测量结果的极差不大于 $1.2r$ 时，取 3 个独立测量结果的平均值作为最终报告结果。

如果 3 个独立测量结果的极差大于 $1.2r$ 时，再测量 1 个结果。

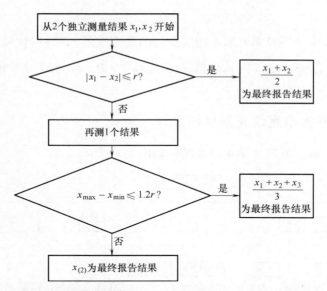

图 5-1 测量结果可接收性的检查方法流程图（再测量 1 个结果）

注：$x_{(2)}$—排序第二小的测量结果。

如果 4 个独立测量结果的极差不大于 $1.3r$ 时，取 4 个独立测量结果的平均值作为最终报告结果。

如果 4 个独立测量结果的极差大于 $1.3r$ 时，则剔除 4 个测量结果的最大值和最小值，取中位值（中间两个值的平均值）作为最终报告结果。

此过程可用流程图表示，图 5-2 所示为测量结果可接收性的检查方法流程图（再测量 1 个或 2 个结果）。

（3）实验室测量结果准确度判定

在重复性条件下，一个实验室测量标准样品，得到了 2 个独立测量结果，其算术平均值 $\bar{x}$ 与认定值 μ_0 进行比较。在 95% 的概率水平下，$|\bar{x}-\mu_0|$ 的临界差 $CD_{0.95}$ 按式（5-1）计算。

$$CD_{0.95} = \frac{1}{\sqrt{2}}\sqrt{R^2 - \frac{r^2}{2}} \qquad (5-1)$$

当标准样品的不确定度 U 不可忽略时，$|\bar{x}-\mu_0|$ 的临界差 C 按式（5-2）计算。

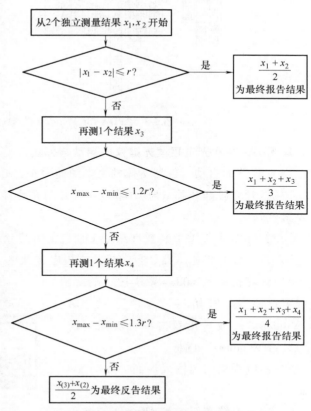

图 5-2 测量结果可接收性的检查方法

流程图（再测量 1 个或 2 个结果）

注：$x_{(2)}$—排序第二小的测量结果；$x_{(3)}$—排序第三小的测量结果。

$$C = \sqrt{CD_{0.95}^2 + U^2} \qquad (5-2)$$

GB/T 4336—2016 中各被测元素不同含量段的重复性限 r、再现性限 R、10 次测量标准偏差 S 的限量值，以及平均值 $\bar{x}$ 与认定值 μ_0 的临界差 $CD_{0.95}$，列于该标准附录 B 的表 B.1 ~ 表 B.19 中。

5.1.3 PDA-7000 光电直读光谱仪的操作

"PDA for Windows" 软件主菜单命令结构如图 5-3 所示。

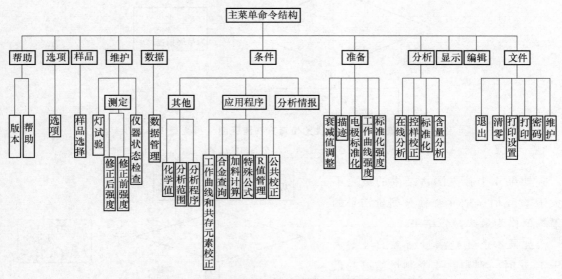

图 5-3 "PDA for Windows" 软件主菜单命令结构

1. PDA-7000 光电直读光谱仪的启动与停止

（1）仪器的启动 仪器本体的主电源通常是打开的，启动仪器的过程描述如下。

1）打开光源部开关（SOURCE）；打开测光装置开关（CONSOLE）；打开真空泵电源开关及氩气阀门。

2）打开 CPU CONT 装置（桌面上白色的方形盒）的电源。

3）打开计算机显示器、打印机和主机电源开关。

4）计算机的 Windows 系统被启动后，选择菜单命令 "开始" → "程序" → "PDA for Windows"，或直接双击系统桌面上的 "PDA for Windows" 图标。

5）系统弹出密码输入界面，如图 5-4 所示。

6）输入系统密码并按<Enter>键弹出 "仪器状态检查" 窗口，如图 5-5 所示。

7）确认 "真空度" 选项框中为

图 5-4 密码输入界面

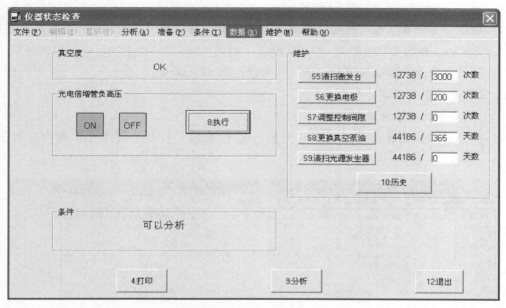

图 5-5 "仪器状态检查"窗口

"OK",单击"8:执行"按钮,打开光电倍增管负高压。此时,"ON"图标的背景将变为浅蓝色;如果再单击"8:执行"按钮,将关闭电倍增管负高压。

8)选择需要的菜单命令或单击"9:分析"进入分析画面。

注意:如果在预定的时间内(起始的设置为 30s)没有在密码输入窗口输入密码,屏幕将自动跳过,设备将在没有密码的情况下启动。

当未输入密码时,可以按<Esc>键启动分析软件,不过没有输入密码时只能进行正常分析,不能建立或修改分析情报等系统信息。

(2)仪器的停止 停止仪器的过程描述如下。

1)单击"8:执行"按钮关闭光电倍增管负高压,单击"仪器状态检查"窗口右下角的"12:退出"按钮,退出分析软件及其他正在运行的所有程序。

2)按正常的计算机关机步骤关闭 Windows 系统。

3)确认计算机电源及 CPU CONT 装置的开关已经关闭,关闭真空泵电源开关。

4)关闭测光装置开关(CONSOLE)和光源部开关(SOURCE),关闭总电源及氩气阀门。

2. 分析作业前的基本检查点

分析作业前需要对以下参数进行检查。

1)确认氩气的余量,在分析作业前应对氩气的余量进行确认并做记录。

2)确认分析室温度保持在 15~30℃,相对湿度小于 80%。在同一个标准化周期内,室内温度变化不超过 5℃。

3)确认氩气流量(分析时 10L/min,待机时 1L/min)。

4)确认入射狭缝位置(手动扫描),菜单命令路径:"准备"→"描迹"。

5）确认分光室温度（40℃±1℃）。

6）确认分光室真空度：仪器检查画面"真空度"选项栏内为"OK"；如果该选项栏处在"Air"状态，则需要抽真空到"OK"状态，达到"OK"状态后方可进行正常分析。

7）确认激发台气体加压器的水量（正常水位为12~14cm）。

3. 工作曲线的标准化

（1）工作曲线标准化操作步骤

1）在分析画面选择主菜单命令"分析"→"标准化"打开"标准化"窗口，如图5-6所示。

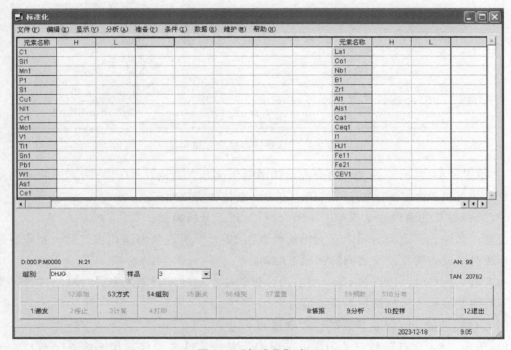

图 5-6 "标准化"窗口

在"标准化"窗口单击"S4：组别"按钮，在显示的选择分析组栏目中单击选择所要标准化的分析组。

2）单击"样品"右侧的▼标记后，在展开的下拉列表框内单击所要激发试样的相应号码或字母。

3）将对应的样品放在激发台上，然后单击"1：激发"按钮开始激发。

4）所有样品激发完成后，单击"3：计算"按钮，系统会自动弹出 α、β 值的计算结果表。

5）确认 α 值在正常范围（$\alpha = 1 \pm 0.2$）并单击"确认"按钮。

6）单击"9：分析"按钮转到分析画面进行确认分析。

（2）标准化的条件　当出现以下情况时，需要对工作曲线进行标准化：

1）清扫或更换聚光透镜时。

2）更换钨电极时。

3）描迹以确认出口狭缝时。

4）清扫激发台时。

5）更换氩气时。

4. 工作曲线的控样校正

（1）控样校正操作步骤

1）在分析画面单击"11：控样"按钮，或选择主菜单命令"分析"→"控样校正"，转到"控样校正"窗口，如图5-7所示。

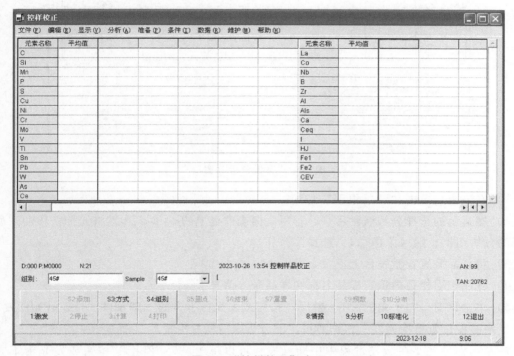

图5-7　"控样校正"窗口

在该窗口单击"S4：组别"按钮，在显示的选择分析组栏目中利用鼠标或键盘上的<↑><↓>键将光标条移动到所要控样校正的组别上，然后单击"1：选择"按钮。

2）单击"Sample"下拉列表框，选择所要激发的样品。

3）将对应的样品放在激发台上，然后单击"1：激发"按钮开始激发。

4）所有样品激发完成后，单击"3：计算"按钮计算 AC、MC 值。

5）确认 MC 值在正常范围（MC = 1±0.2），单击"1：确认"按钮。

6）单击"9：分析"按钮或选择主菜单命令"分析"→"控样分析"，转到分析画面进行确认分析。

（2）控样校正的一般条件　必要时，每次进行一种样品测试时都要进行控样校正分析。

5. 样品分析操作步骤

选择主菜单命令"分析"→"含量分析"，转到"含量分析"窗口，如图5-8所示。

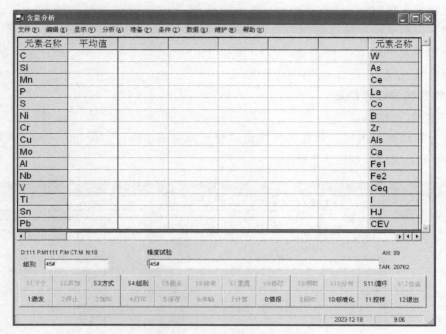

图 5-8 "含量分析"窗口

1）在该窗口单击"S4：组别"按钮。

2）在显示的选择分析组栏目中，利用鼠标或键盘上的<↑><↓>键将光标条移动到所要选择的分析组上，然后单击"1：选择"按钮。

3）将样品放置在激发台上。

4）样品索引栏目内填写样品名称和样品号等信息。

5）单击该窗口左下角的"1：激发"按钮或发光台下方的"START"按钮开始激发。更换激发位置再次激发，根据所设定的分析次数激发完成后自动显示平均值。

注意：如果需要在激发过程中中断激发，可以单击"2：停止"按钮或发光台下方的"STOP"按钮。

6）根据需要单击"4：打印"按钮打印分析结果，或单击"5：保存"按钮保存分析结果于"分析结果管理器（Result Manager）"。

6. 光谱仪工作曲线的制作

（1）工作曲线的制作步骤　只有在系统弹出密码输入界面时输入了密码，才有更改分析情报等的权力。

1）标准样品名及化学值的登记：选择主菜单命令"条件"→"其他"→"化学值"，显示"化学值表"窗口，如图 5-9 所示。

在此窗口中的"输入方向"选项组选择"样品"，输入标准样品名称和对应标准样品的元素含量。输入结束后单击"2：保存"按钮并确认。

2）分析组情报的设定：选择主菜单命令"条件"→"分析情报"，显示"分析情报"窗口，如图 5-10 所示。

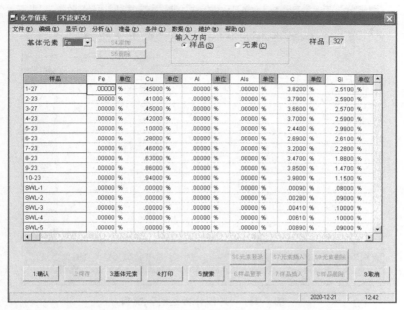

图 5-9 "化学值表"窗口

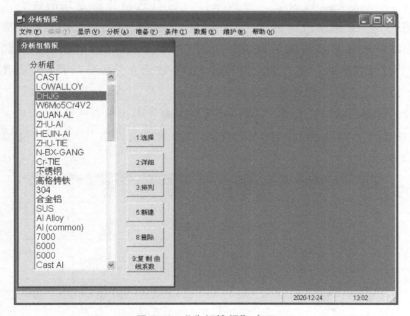

图 5-10 "分析情报"窗口

在此窗口可以新建、删除、复制工作曲线。单击"5：新建"按钮，选择基体元素建立新的工作曲线，弹出"详细分析组别"窗口，如图 5-11 所示，建立一条"低合金钢"的工作曲线。

当建立新的分析组时，应当在"详细分析组别"窗口设定所有项目。窗口左上角的文本框中输入分析组名（16 个字母内），"基体元素"下拉列表框中选择该组要分析试样的基体元素。

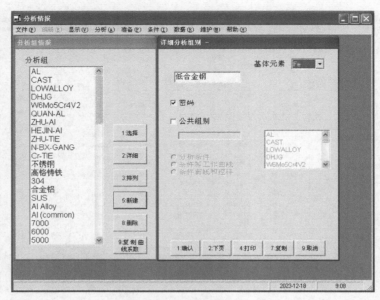

图 5-11 "详细分析组别"窗口

建立新的工作曲线后，需要在"分析条件"窗口选择分析方式的种类、放电时序及PDA处理信息；在"通道情报"窗口登记在测量元素情报内已登记的元素中需要测量的元素通道；选择时序和内标元素的情报；在"测定方式"窗口登记各元素的测量方式；在"工作曲线和共存元素系数"窗口设立多元曲线的系数元素分段分析及相应范围分析顺序和含量分析的单位。完成以上设置后可继续后续工作。

以上部分的详细设置方式会在"（4）分析组结构"中详细叙述。

3）衰减值调整：选择主菜单命令"准备"→"衰减值调整"，显示"衰减值调整"窗口，如图 5-12 所示。

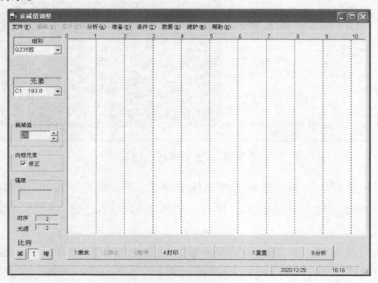

图 5-12 "衰减值调整"窗口

选择要执行灵敏度调整的分析组设定比例系数（即"比例"选项）为"1"。将基体元素含量最大的试样放置到激发台上，单击"1：激发"按钮开始激发，曲线图上显示其强度。调整 Fe 基灵敏度并设定强度在横轴 5~6 之间。

在参照以上步骤分析其他所有元素设定强度为 3~4（比较接近 3）。执行初步校正分析确认所调强度是否溢出。

4）工作曲线强度测定：选择主菜单命令"准备"→"工作曲线强度"，显示"工作曲线强度测定"窗口，如图 5-13 所示。

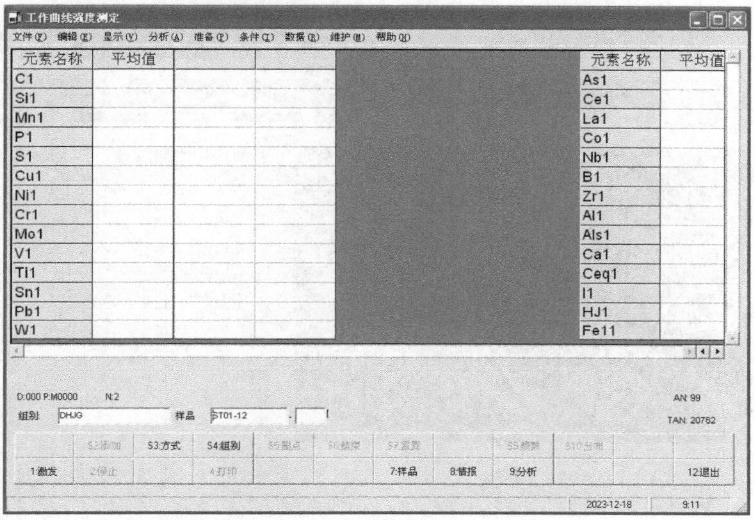

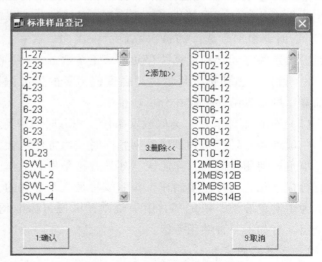

图 5-13　"工作曲线强度测定"窗口

在"工作曲线强度测定"窗口底部选择分析组列表中的分析组名然后登记建立工作曲线所用试样。单击"7：样品"按钮打开图 5-14 所示的"样品选择"窗口，单击"5：添加"按钮，打开图 5-15 所示的"标准样品登记"窗口。"标准样品登记"窗口左侧列表栏

图 5-14　"样品选择"窗口

图 5-15　"标准样品登记"窗口

表示已经登记在化学值登记中的标准试样，单击所需试样后单击"2：添加≫"按钮将所选试样登记到右侧列表栏内，右侧列表栏表示绘制这条工作曲线需要的标准样品，所选标准样品被添加到"样品选择"窗口中。

将与选择一致的试样放置到激发台上，单击"1：激发"按钮开始分析。改变试样激发位置，当达到设定激发次数时系统显示得到的分析值的平均值。参照以上步骤对所有建立工作曲线用标准试样进行分析。

5）计算工作曲线：选择主菜单命令"条件"，显示"工作曲线计算"窗口，如图5-16所示。

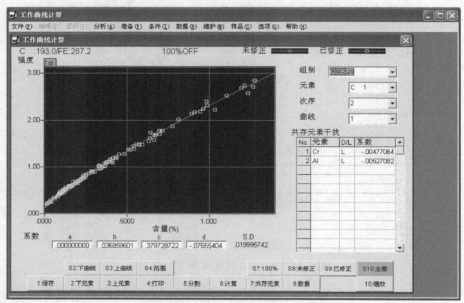

图 5-16 "工作曲线计算"窗口

选择"组别"和"元素"，系统显示当前登记的工作曲线。单击"6：计算"按钮，根据当前设置的标准试样和共存元素计算并显示工作曲线系数和共存元素系数。当改变上面的"次序"时，根据所选择的幂次数显示一次、二次和三次工作曲线。单击"7：共存元素"按钮，设定共存元素和计算共存元素修正系数（D—吸收激发修正项；L—重选修正项）。单击"8：数据"按钮标记化学值和强度值为零的标准试样。单击"1：保存"按钮，系统将当前显示的计算结果存储在分析情报中。

（2）分析条件情报　类似激发条件，积分时间和测定元素与分析条件相关的情报。

一般地当主要元素和试样类型相同时，通常使用相同的分析条件，并且当试样类型类似时，也可以使用相同的工作曲线。如果分析条件和工作曲线在每个组中独立，应该给每个组实行再标准化，为每个组制作工作曲线将是非常麻烦的。

为了避免麻烦，采用"共用"规则，以便再标准化方式和工作曲线能够共用两个组或多个组。有如下三种共用等级：

1）分析条件。

2）分析条件和工作曲线。

3）分析条件、工作曲线和控样校正。

例如，绘制一条低合金钢曲线，测定45、42CrMO、20、40CrNiMo等都可以采用共用规则，共用相同的分析条件、标准化数据，只是控制样品不同。

（3）分析组的详细设定 在"分析组情报"窗口单击"5：新建"按钮打开"详细分析组别"窗口，如图5-17所示。

图5-17 "详细分析组别"窗口

当建立新的分析组时，应当在"详细分析组别"窗口设定所有项目。此时建立的分析组不仅是前面所述的新建工作曲线，还包括设置公共组别。窗口左上角的文本框中输入分析组名（16个字母内）。"基体元素"下拉列表框中选择该组要分析试样的基体元素。

"公共组别"复选框选中时，此分析组可与其他分析组共享分析条件、工作曲线情报和控样校正情报。使用此功能，可以在含量分析时共享标准化分析，而仅仅使用不同的控制样品进行校正分析，或仅仅使用不同的标准规格情报。选中此项时，可以选择共享级别和公共组别。

（4）分析组结构 分析组大概分类为分析条件情报（分析条件、衰减值情报、元素情报、通道情报、测定方式、标准化情报）、工作曲线情报（工作曲线和共存元素系数、100%修正）和分析组情报（规格标准情报、显示和打印格式、控样校正情报、分析方式），总共12个窗口。

1）分析条件。从"分析组情报"窗口选择要设置的工作曲线，单击"2：详细"按钮，打开"分析条件"窗口，如图5-18所示。

测定时，可使用最多三个放电条件依次切换，以保证每个元素使用最佳的放电条件进行测定。执行一个放电过程的那部分程序称为时序（SEQ1、SEQ2和SEQ3）。

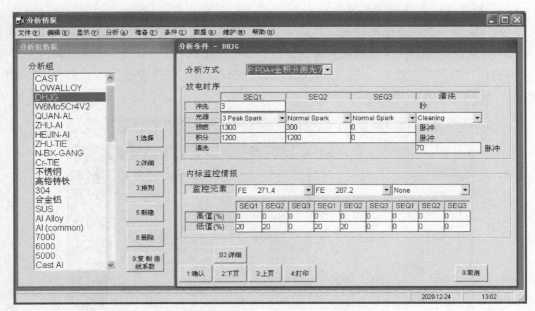

图 5-18　"分析条件" 窗口

①"放电时序"选项组。

"冲洗"栏：输入在激发台放电间隙中使用氩气所需的置换时间。

"光源"栏：指定每个时序的激发放电条件。

"预燃"栏：输入每个时序的预燃时间。

"积分"栏：输入每个时序的积分时间（如果放电条件是连续光，输入用秒；如果用脉冲光，输入脉冲数）。

"清洗"栏：输入清洗对电极尖端的放电时间。

②"内标监控情报"选项组。

"监控元素"栏：输入 PDA 测光标准切断时所用的元素，最多可指定三个监控元素，如果不指定元素，则下拉列表框选择"None"。如果三个元素均选择"None"，将不进行切断。

"高值（%）"栏：输入控制元素强度的每个脉冲序列高强度标准切断值。

"低值（%）"栏：输入控制元素强度的每个脉冲序列低强度标准切断值。

"分析条件"窗口可以参考表 5-3 列出的分析条件设置。

2）衰减值情报。在"分析条件"窗口单击"2：下页"按钮，打开"衰减值情报"窗口，如图 5-19 所示。

在该窗口上设定测定元素所用光电倍增管的灵敏度。

"衰减值"栏：设定测量元素的衰减值，即所用光电倍增管的灵敏度，取值为 0～99，共计 100 档。当选择主菜单命令"准备"→"衰减值调整"，进入图 5-12 所示的"衰减值调整"窗口调整灵敏度时，其调整后的衰减值将自动设定到图 5-18 所示的"衰减值情报"窗口内。

3）分析元素。在"衰减值情报"窗口单击"2：下页"按钮，打开"元素情报"窗口，如图 5-20 所示。

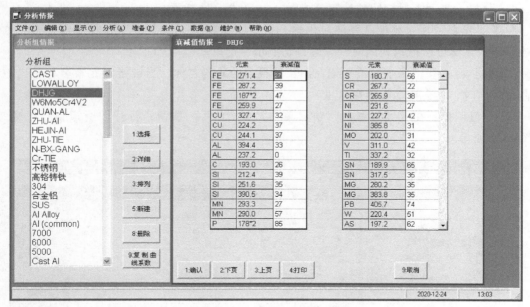

图 5-19 "衰减值情报"窗口

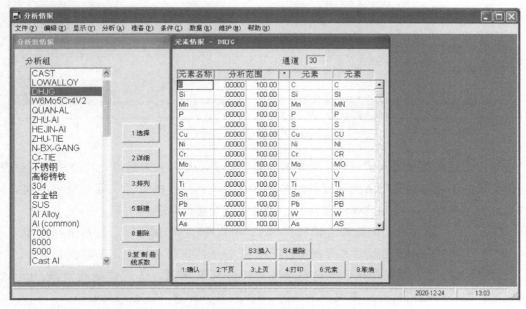

图 5-20 "元素情报"窗口

该窗口登记被测定元素，并建立登记在波长情报内的元素符合已登记在化学分析值情报内的元素。相应地，在该窗口可以登记虚拟元素名称。

"元素名称"栏：登记此组中被测定的元素名称（最多5个字母）。

"分析范围"栏：登记不超过被测定元素的分析范围。当被测元素名已登记在分析范围情报中时，系统参照使用的分析范围，选择所需要的波长，然后采用相应元素通道。在此情况下，所选择元素被配置在下一个分开的通道情报内，并将含量输出为"通道跳跃"的形态。

"＊"栏：当元素对应特殊计算公式时，登记"＊"符号。

左侧"元素"栏：登记已登记在化学分析值情报内的元素名称。当被指定元素名称早已被登记在化学分析值情报内时，它会自动显示在这里。

"元素"栏：登记一个已经登记在波长情报内的元素名称。当被指定元素名称早已被登记在情报内时，它会自动显示在这里。

4）通道情报。在"元素情报"窗口单击"2：下页"按钮，打开"通道情报"窗口，如图5-21所示。

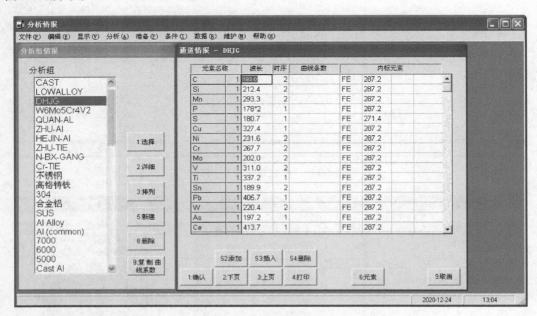

图5-21 "通道情报"窗口

该窗口登记在测量元素情报内已登记的元素中需要测量的元素通道。被使用元素通道为了登记波长的单位和得到已测定强度的强度计算方法。当第一次打开"通道情报"窗口时，系统从分析范围情报中自动选择所需波长，并自动创立通道顺序。

"波长"栏：输入所使用波长（单位：nm），可以单击"6：元素"按钮进行选择。

"时序"栏：在分析元素用"分析条件"上按1~3的顺序选择设定基本放电条件。

"曲线条数"栏：如果使用已登记在个别通道内元素情报（①工作曲线情报；②100%修正情报；③控样校正情报）完成含量分析，利用"6：元素"按钮选择通道。

"内标元素"栏：当进行内标元素修正时，从元素选择窗口选择内标元素和波长。内标元素应该像元素通道那样预先登记。

5）测量方法。在"通道情报"窗口单击："2：下页"按钮，打开"测量方式"窗口，如图5-22所示。

"P/I"栏：选择测光方法（PDA测光法或全积分测光法）。

"方式"栏：选择PDA测光法用数据处理方法。

"M""N""I"栏：设定数据处理方式特征值。

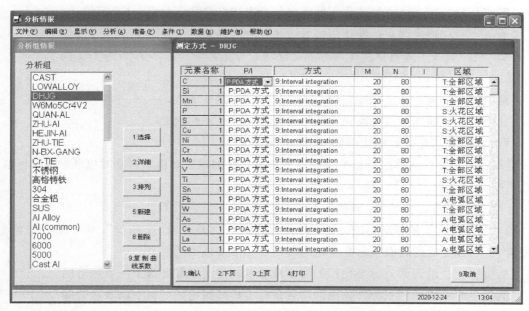

图 5-22 测量方式

"区域"栏:设定时间分辨能力的测光区域。设为"S:火花区域"时,测量火花放电信号;设为"A:电弧区域"时,测量电弧放电信号;设为"T:全部区域"时,测量火花与电弧之和的信号。

6)再标准化情报。在"测定方式"窗口单击"2:下页"按钮,打开"标准化情报"窗口,如图 5-23 所示。

① 样品名称,对应"高值""低值""K"栏。

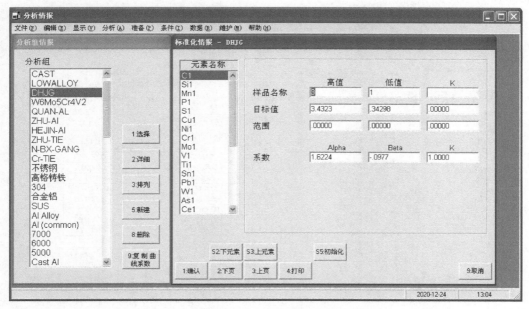

图 5-23 "标准化情报"窗口

"高值"栏：输入两点标准化用的高含量标准样品名称（最多 10 个字符）。

"低值"栏：输入两点标准化用的低含量标准样品名称（最多 10 个字符）。

"K"栏：输入一点再标准化用标准化样品的样品名称（最多 10 个字符）。

② 目标值，对应"高值""低值""K"栏。

"高值"栏：输入两点标准化用的高含量标准样品基准值。

"低值"栏：输入两点标准化用的低含量标准样品基准值。

"K"栏：输入单点标准化用标准样品的基准值。

使用已登记样品名称进行标准化强度分析时，被测定的数值会自动对应登记在目标值的这三栏中。

③ 范围，对应"高值""低值""K"栏。

输入基准值上下限管理范围。如果测定强度大于"目标值+范围值"或小于"目标值-范围值"，在强度值的后面显示偏差标记（超出标准规格范围）。

"高值"栏：输入两点标准化用的高含量标准样品测定强度值上限管理范围。

"低值"栏：输入两点标准化用的高含量标准样品测定强度值下限管理范围。

"K"栏：输入单点标准化用的高含量标准样品测定强度值管理范围。

④ 系数，对应"Alpha""Beta""K"栏。

"Alpha"栏：输入两点标准化分析用修正系数 α 值。

"Beta"栏：输入两点标准化分析用修正系数 β 值。

"K"栏：输入一点标准化分析用修正数 K 值。

当进行再标准化分析时系统自动登记修正系数。

7）在"标准化情报"窗口单击"2：下页"按钮，打开"工作曲线和共存元素系数"窗口，如图 5-24 所示。

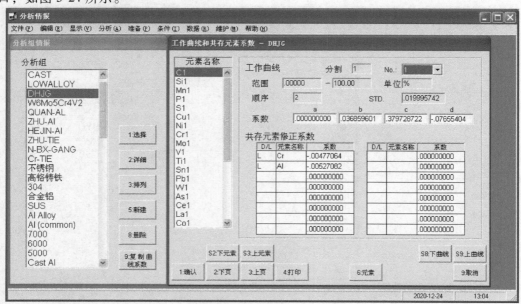

图 5-24 "工作曲线和共存元素系数"窗口

①"工作曲线"选项组包含以下选项。

"分割"文本框：输入所使用的工作曲线数量。

"No.:"下拉列表框：转换所显示的工作曲线（工作曲线序号）。

"范围"文本框：输入所用含量范围。

当使用两个以上工作曲线时，在工作曲线"No.:"下拉列表框的升序转换内输入范围。

"单位"文本框：输入单位。当输入"ppm"时，系统将"%"转换为"100%"校正。

"顺序"文本框：输入含量换算公式的幂次数。

"系数"栏：对应着工作曲线的各个系数。

"a""b""c""d"对应文本框中输入含量换算公式内所使用的对应系数（工作曲线）。

②"共存元素修正系数"选项组中为表格，其中各项参数说明如下。

"D/L"栏：输入共存元素修正公式类型"D"或"L"。当被修正元素受到修正元素吸收激发影响时设为"D"，当已修正元素光谱与修正元素光谱重叠时设为"L"。

"元素名称"栏：输入修正元素。

"系数"栏：输入共存元素修正系数。

当系统计算工作曲线/共存元素修正系数时，工作曲线系数和共存元素修正系数自动登记。

8）100%修正情报。在"工作曲线和共存元素系数"窗口单击"2：下页"按钮，打开"100%修正"窗口，如图5-25所示。

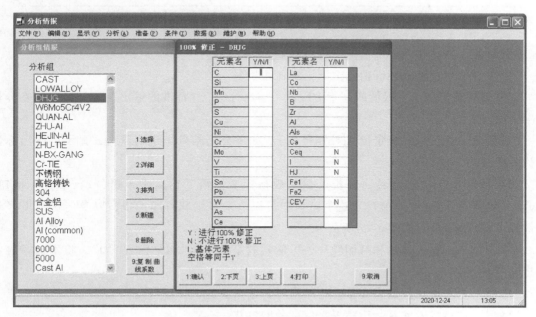

图5-25　"100%修正"窗口

该窗口中表格内的各项参数说明如下。

"Y/N/I"栏：输入是否进行100%修正。当输入"Y"时，该元素需要进行100%修正；当输入"N"时，该元素不需要进行100%修正，但是包括修正计算；当输入"I"时，该元素不需要进行 100% 修正，并且不包括修正计算（内标元素）；当输入空格时，系统登记该元素为 "I"。

9）分析组情报。在 "100% 修正" 窗口中单击 "2：下页" 按钮，打开 "规格标准情报" 窗口，如图 5-26 所示。

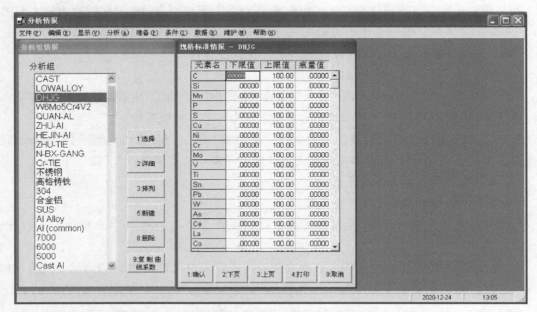

图 5-26 "规格标准情报" 窗口

"下限值" 栏：输入标准值的下限（控制范围）。

"上限值" 栏：输入标准值的上限（控制范围）。

如果分析结果低于下限值或高于上限值，输出标记（"标准的输出" 标记）显示在分析结果后面。

"痕量值" 栏：输入痕量值（控制范围）。如果分析结果小于痕量值，显示的输出标记替代分析结果。

10）显示和打印输出/传送情报。在 "规格标准情报" 窗口中单击 "2：下页" 按钮，打开 "显示和打印格式" 窗口。这个窗口中可以改变显示和打印情报，以及传送情报（传送情报可选择添入），如图 5-27 所示。

"顺序" 栏：输入显示和打印顺序，可输入数字 0～64。如果输入 "0"，将不执行显示和打印（传送）。

"倍率" 栏：按比例放大含量分析结果时，输入值为 10 的幂数。

"整数" 栏：输入含量分析结果整数部分的位数。

"小数" 栏：输入含量分析结果小数部位的位数。

11）控样校正情报。在 "显示和打印格式" 窗口中单击 "2：下页" 按钮，打开 "控样校正情报" 窗口，如图 5-28 所示。

"样品名称" 栏：登记校正用标准试样名称（如果仅有一个标准试样则不需要登记此项）。

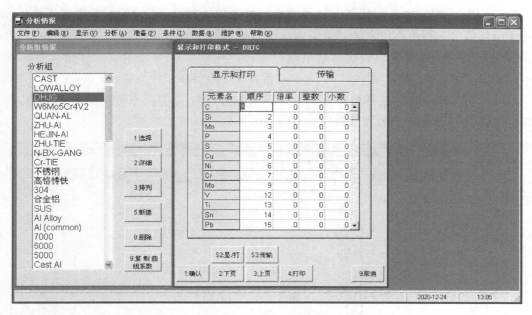

图 5-27　"显示和打印格式"窗口

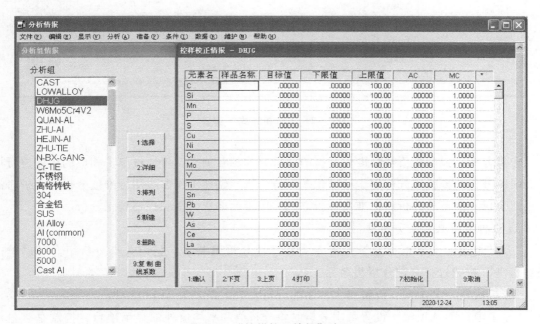

图 5-28　"控样校正情报"窗口

"目标值"栏：输入校正目标值。

"下限值"栏：输入不需要修正范围。

"上限值"栏：输入修正范围。

"AC"栏：输入校正系数（位移方法用）。

"MC"栏：输入校正系数（倾斜方法用）。

"＊"栏：输入"A""M""＊"或空格。输入空格表示，在含量计算中，当结果大于或等于目标值时，利用移位方法；当结果小于目标值时，利用倾斜方法。输入"A"表示，利用移位方法。输入"M"表示，利用倾斜方法。输入"＊"表示，在含量计算中设定"AC"栏为"0"和"MC"栏为"1"（在含量计算中进行校正计算）。

12）分析方式。在"控样校正情报"窗口中单击"2：下页"按钮，打开"分析方式"窗口，如图5-29所示。分析方式规定分析时如何显示和打印。

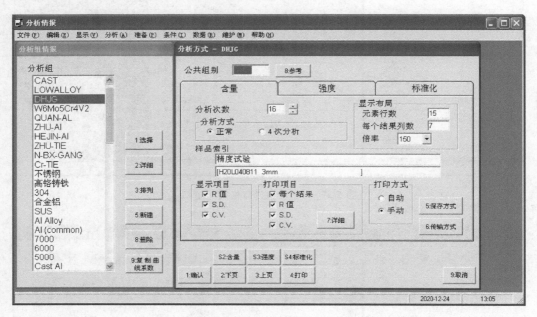

图5-29 "分析方式"窗口

含量分析、强度分析和标准化分析的分析方式相互独立，可通过单击相应的标签进行切换。强度分析的分析方式应用于标准化基准值分析，创建工作曲线用标准值分析，维护时的修正前分析和修正后分析。标准化分析方式应用于标准化分析和控样校正分析。

① 三种分析共有的分析项目

"公共组别"文本框：如果分析方式和其他分析组共享，登记共享分析组。可以单击"8：参考"按钮选择登记分析组名称。

"分析次数"文本框：设置每个样品的分析次数，最多为21次。

"显示项目"选项组：设置每次分析时除分析值和平均值外的显示项目，控制是否显示R值、STD值和CV值。

"显示布局"选项组：设置测定结果的显示方式。

"打印项目"选项组：设置除平均值外的打印项目，控制是否打印每个分析值、R值、STD值和CV值。单击"7：详细"按钮可以打开"详细打印"窗口，选择打印详细项目，如图5-30所示。

"打印方式"选项组：设置一个样品的测定结束后是否自动打印。若选择"自动"选项，则一个样品分析结束后将自动打印输出分析结果。若选择"手动"选项，则一个样品分析结束后，只有单击"4：打印"按钮后才会打印分析结果。

② "含量"标签独有的分析项目（可参考图 5-29）如下。

"分析方式"选项组：选择分析方式。若选择"正常"选项，则达到样品分析指定次数计算分析结果平均值。若选择"4 次分析"选项，则分析时进行 R 值管理，最多完成 4 次分析。

"样品索引"文本框：样品索引作为含量分析时，登记样品名称输入框和向导。在上侧文本框内登记指导性文字，在下侧文本框内登记样品索引。

登记样品索引时文字和输入框含义如下。

文字：所填写的文字在含量分析时显示。

[ ]：设置含量分析时样品输入框。

<>：含量分析中分析一个样品后自动加 1。

③ "强度"标签的分析项目如图 5-31 所示。

图 5-30 "详细打印"窗口

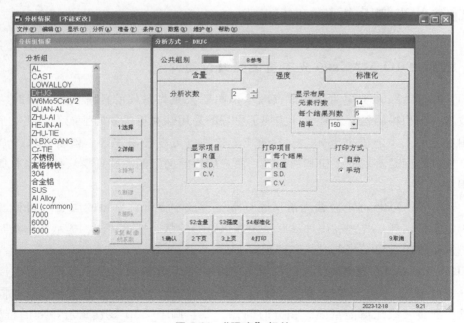

图 5-31 "强度"标签

"强度"标签内设置的项目与①相同。

④ "标准化"标签独有的分析项目如图 5-32 所示。

"标准化方式"选项组：选择标准化方式。若选择"1 点标准化"选项，则选择此项目进行单点标准化；若选择"2 点标准化"选项，则选择此项目进行两点标准化。

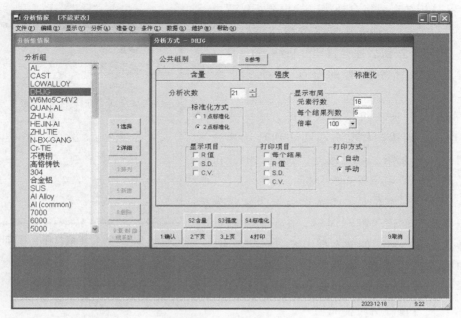

图 5-32 "标准化"标签

5.2 铸铁的光谱分析

5.2.1 SPECTRO MAXx06 光电直读光谱仪简介

SPECTRO MAXx06 光电直读光谱仪继承德国斯派克光谱仪的传统优势，同时结合最新的光源技术、新型检测器，全新设计实现了更好的易用性和更优异的性能。即使对于没有光谱仪使用经验的人，全新的 Spark Analyzer Pro 软件也可以轻易掌握。该软件取代原有多窗口模式，软件界面是直观的按钮和功能键。用户应用导向定制的软件模块替代原有负责的方法建立程序。

SPECTRO MAXx06 光电直读光谱仪的日常运行成本更低，更短的激发时间和氩气节约模式减少了氩气消耗。先进的硬件诊断系统提供仪器的状态指示功能，提示用户及时按需维护仪器，预防仪器故障带来的时间和费用损失。

SPECTRO MAXx06 光电直读光谱仪应用最新一代 CCD 检测技术，无须超低温冷却，避免结霜、省时省气，每个子阵有带有数字信号处理器的读出系统，采用并联设计，同时采集处理数据。测量一级光谱能量强，积分时间短，罗兰圆上 CCD 线性错层排列的特殊设计，避免了"光晕"现象。扩展到 8 个数量级的动态线性范围，全谱分析仅需 3s。

5.2.2 光谱分析技术要求

本方法应用标准为 GB/T 24234—2009《铸铁 多元素含量的测定 火花放电原子发射光谱法（常规法）》。

1. 标准规定的检测范围

本方法适用于白口化后的铸铁样品的分析，可同时测定白口铸铁中的 24 个元素，各元素测定范围见表 5-6。

表 5-6 GB/T 24234—2009 各元素测定范围

元素	测定范围（质量分数,%）	元素	测定范围（质量分数,%）
C	2.0~4.50	Nb	0.02~0.70
Si	0.45~4.00	V	0.01~0.60
Mn	0.06~2.00	B	0.005~0.200
P	0.03~0.80	As	0.01~0.09
S	0.005~0.20	Sn	0.01~0.40
Cr	0.03~2.90	Mg	0.005~0.100
Ni	0.05~1.50	La	0.01~0.03
Mo	0.01~1.50	Ce	0.01~0.10
Al	0.01~0.40	Sb	0.01~0.15
Cu	0.03~2.00	Zn	0.01~0.035
W	0.01~0.70	Zr	0.01~0.05
Ti	0.01~1.00		

2. 取样和样品制备

（1）**取样** 分析样品应保证为白口化铸铁且均匀、无物理缺陷。铁液在浇注生产过程中可能不均匀，应采用必要的措施使取样方法适合特定的生产过程的需要。例如，混合炉中铁液有分层，取样时要确保分析样品能代表整个熔体。

对于分批生产过程，应该从熔炉中取 2 个或更多样品，最好在出炉近三分之一和三分之二时取样，进行测定并取平均值。对于连续生产过程，取样应保持有规律的时间间隔。

取样一般要将取样勺中的铁液迅速浇注后，尽可能快地冷却样品以得到白口铸铁组织、防止石墨化。

现场取样应在向熔体中加入任何添加剂之前进行，在取样前要充分搅拌熔体，减少加入添加剂的直接影响。

（2）**样品制备** 从模具（见图 5-33）中取出的样品（见图 5-34），采用砂轮机、砂纸磨盘或砂带研磨机研磨，研磨材质的粒度直径应选用 0.4~0.8mm，或采用铣床处理样品，并保证样品表面平整、洁净。

图 5-33 模具

图 5-34 样品

标准样品和分析样品应在同一条件下研磨，不得过热。

3. 标准样品和标准化

标准样品用于日常分析绘制校准曲线。标准样品中各分析元素含量应有适当的梯度，并覆盖所要检测的含量范围。所选标准样品与被测样品应尽量接近。

由于仪器状态的变化，导致测定结果的偏离，为直接利用原始校准曲线，求出准确结果，用1~2个样品对仪器进行标准化，这种样品称为标准化样品。该样品必须是非常均匀并要求有适当的含量，它可以从标准样品中选出，也可以专门冶炼。当使用两点标准化时，其含量分别取每个元素校准曲线上限和下限附近的含量。

4. 仪器的准备

光谱仪应按照仪器厂家推荐的要求，放置在防震、洁净的实验室中，通常环境温度为25℃±5℃；环境湿度为50%±10%。在同一个标准化周期内室内温度变化不超过5℃。

（1）电源　为保证仪器的稳定性，电源电压变化在±10%，频率变化不超过±2%，保证交流电源为正弦波。根据仪器使用要求，配备专用地线。

（2）对电极　对电极需要定期清理、更换，并用定距规调整分析间隙的距离，使其保持正常工作状态。

（3）光学系统　聚光镜应定期清理，定期校正入射狭缝位置。

（4）测光系统　为使测光系统工作稳定，在使用前应预先通电，较长时间停机后应通电稳定。通过制作预燃曲线选择分析元素的适当预燃时间；积分时间是以分析精度为基础进行试验确定的。

5. 分析条件

氩气压力为0.4~0.7MPa，氩气纯度为99.999%，测量条件见表5-7，分析元素、分析线及内参比线见表5-8，回归曲线如图5-35所示。

表5-7　测量条件

阶段 名称	时间 /s	频率 /Hz	积分 类型	每次积分的 触发计数	积分时间 /ms	等离子体发 生器曲线	每次测量的 积分计数	饱和强度/ $[J/(cm^3 \cdot s \cdot sr)]$
冲洗	2	—	无	—	—	0	—	—
PreTask1	15	400	无	—	—	508	—	—
PreTask2	10	400	无	—	—	508	—	—
Task2	3	400	HDS	1	2.5	502	1200	42000000
Task1	3	400	HDS	1	2.5	501	1200	42000000
Task3	3	400	HDS	1	2.5	503	1200	42000000
Task4	3	200	HDS	1	5	510	600	21000000
Task5	3	400	HDS	8	20	505	150	5250000

表5-8　分析元素、分析线及内参比线

分析元素	分析线	内参比线	组合光源
C(2)	193.091(2)	Fe2 187.746(2)	Task2
Si(2)	288.158(1)	Fe2 282.328(1)	Task2

（续）

分析元素	分析线	内参比线	组合光源
Si(3)	288.158(1)	Fe3 282.328(1)	Task3
Mn(3)	263.817(1)	Fe3 328.675(1)	Task3
Mn(3)	293.305(1)	Fe3 249.586(1)	Task3
P(1)	178.283(2)	Fe1 193.530(2)	Task1
S(1)	180.731(2)	Fe1 193.530(2)	Task1
Cr(3)	298.918(1)	Fe3 249.586(1)	Task3
Cr(3)	313.205(1)	Fe3 308.374(1)	Task3
Cr(3)	425.433(1)	Fe3 410.749(1)	Task3
Ni(3)	341.476(1)	Fe3 328.675(1)	Task3
Ni(3)	471.442(1)	Fe3 487.214(1)	Task3
Mo(3)	281.615(1)	Fe3 282.328(1)	Task3
Mo(4)	386.410(1)	Fe3 383.633(1)	Task4
Al(3)	396.152(1)	Fe3 387.250(1)	Task3
Cu(3)	327.395(1)	Fe3 328.675(1)	Task3
Cu(3)	510.554(1)	Fe3 517.160(1)	Task3
Nb(3)	313.079(1)	Fe3 328.675(1)	Task3
Ti(3)	337.280(1)	Fe3 363.830(1)	Task3
V(3)	310.229(1)	Fe3 328.675(1)	Task3
W(4)	400.875(1)	Fe4 383.633(1)	Task4
Sn(5)	147.501(2)	Fe5 149.653(2)	Task5
Mg(3)	383.829(1)	Fe3 383.633(1)	Task3
As(1)	189.042(2)	Fe1 190.479(2)	Task1
Zr(3)	343.823(1)	Fe3 308.374(1)	Task3
Ce(4)	413.765(1)	Fe4 339.933(1)	Task4
Sb(4)	217.581(2)	Fe4 216.202(2)	Task4
B(1)	182.640(2)	Fe1 218.649(2)	Task1
Zn(4)	481.053(1)	Fe4 413.700(1)	Task4
La(4)	433.374(1)	Fe4 458.383(1)	Task4

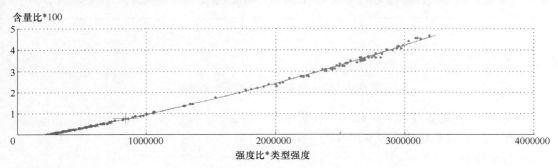

图 5-35　回归曲线

5.2.3　SPECTRO MAXx06 光电直读光谱仪的操作

按照要求对 SPECTRO MAXx06 光电直读光谱仪做好准备，分析工作前，先激发一块样品 2~5 次，确认仪器处于最佳工作状态。

1. ICal 标准化及操作步骤

传统通道型仪器漂移校正，首先先做仪器光谱线位置漂移校正——描迹，然后针对每个分析基体按步骤分析再校正工作曲线，典型情况为 4~5 个标准样品实现对工作曲线的再校正。ICal 标准化只需要一个标准样品（随主机自带）对现全谱图与原始谱图进行对照，使之完全重合，从而实现所有元素的工作曲线在一次校正中完成。ICal 标准化操作步骤如下：

1）登录光谱操作软件，进入主界面，双击"ICal"图标，如图 5-36 所示。

图 5-36　主界面

2）待仪器稳定后，单击"冲洗（F）"按钮，冲洗 5min 后，将事先磨削好的 ICal 标准样品激发多次（至少 5 次）后，去除偏离较大的点，单击"接受（Ctrl A）"按钮，ICal 标准样品激发结果示意图如图 5-37 所示。

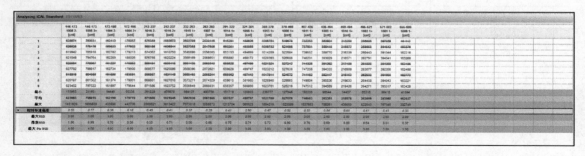

图 5-37　ICal 标准样品激发结果示意图

3）可单击"更多详情"按钮查看各芯片的平均强度，如图 5-38 所示。

计算 ICal 校正系数的流程如图 5-39~图 5-41 所示。

2. 方法建立

在主界面双击"方法"图标，设备不同通道对应的元素检测范围是不一样的，根据目

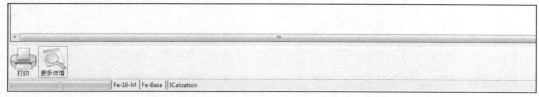

最后一次已接受的ICal标准化

芯片ID	状态	最小修正	修正	最小强度比	强度比	最大强度比	最大峰偏差	峰偏差	最大像素相对标准偏差	像素相对标准偏差	最大强度相对标准偏差	强度相对标准偏差	最小平均强度	平均强度 2020/12/15 10:26:08	平均强度 2020/10/10 15:05	平均强度 2020/6/9 13:55
146-173 (1008 2-)	☑	0.90	0.96	0.25	0.87	2.00	100.00	10.37	4.00	1.06	3.00	0.53	1000	623683	607808	624188
146-173 (1008 2+)	☑	0.90	0.96	0.25	0.94	2.00	100.00	9.13	4.00	0.99	3.00	0.77	1000	795915	791934	837432
172-198 (1004 2-)	☑	0.90	0.99	0.25	0.74	2.00	100.00	5.12	4.00	0.70	3.00	0.36	1000	162199	168890	179242
172-198 (1004 2+)	☑	0.90	0.99	0.25	0.81	2.00	100.00	5.51	4.00	0.56	3.00	0.18	1000	179719	181731	206521
212-237 (1016 2-)	☑	0.90	1.00	0.25	0.83	2.00	100.00	0.49	4.00	0.55	3.00	0.45	1000	871800	920073	966851
212-237 (1016 2+)	☑	0.90	1.00	0.25	0.85	2.00	100.00	0.65	4.00	0.71	3.00	0.41	1000	1621646	1691370	1813363
232-263 (1015 1+)	☑	0.95	1.00	0.25	1.01	2.00	5.00	0.32	3.00	0.56	2.00	0.32	1000	3562930	3682365	3768131
262-293 (1007 1+)	☑	0.95	1.00	0.25	1.05	2.00	5.00	0.27	3.00	0.66	2.00	0.35	1000	2067868	2123699	2126295
291-322 (1014 1+)	☑	0.95	1.00	0.25	1.08	2.00	5.00	0.41	3.00	0.70	2.00	0.41	1000	657527	668775	674978
321-351 (1006 1+)	☑	0.95	1.00	0.25	1.04	2.00	5.00	0.39	3.00	0.74	2.00	0.50	1000	498757	501657	503548
350-379 (1013 1+)	☑	0.95	1.00	0.25	1.08	2.00	5.00	0.74	3.00	0.72	2.00	0.47	1000	1021709	1027050	1034955
379-408 (1005 1+)	☑	0.95	0.99	0.25	1.03	2.00	5.00	0.52	3.00	0.90	2.00	0.50	1000	527079	530377	534431
407-435 (1011 1+)	☑	0.95	1.00	0.25	0.97	2.00	5.00	0.50	3.00	0.76	2.00	0.52	1000	746053	749309	750486
436-464 (1003 1-)	☑	0.95	0.99	0.25	1.00	2.00	5.00	0.58	3.00	0.69	2.00	0.54	1000	393351	395891	395170
468-494 (1010 1+)	☑	0.95	1.00	0.25	1.00	2.00	5.00	0.68	3.00	0.68	2.00	0.60	1000	218576	219395	218265
495-521 (1002 1+)	☑	0.95	1.00	0.25	1.01	2.00	5.00	0.59	3.00	0.64	2.00	0.61	1000	263009	264673	262251
571-602 (1001 1-)	☑	0.80	1.00	0.25	0.98	2.00	10.00	0.03	3.00	0.51	2.00	0.43	1000	393560	384798	381395
655-686 (1009 1-)	☑	0.80	1.00	0.25	0.98	2.00	10.00	0.07	3.00	0.37	2.00	0.33	1000	162927	159766	158957

打印　更多详情

Fe-10-M | Fe-Base | ICalization

图 5-38　ICal 标准化后各芯片的平均强度

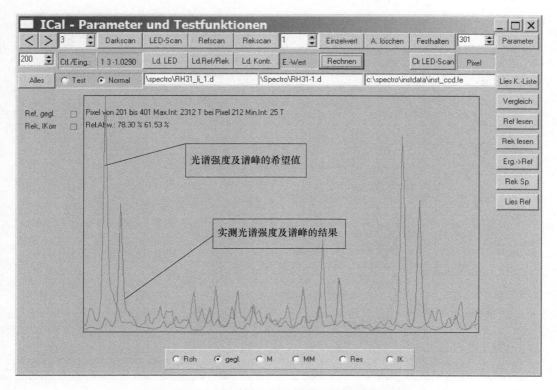

图 5-39　ICal 标准样品原始谱图和校正前谱图比较

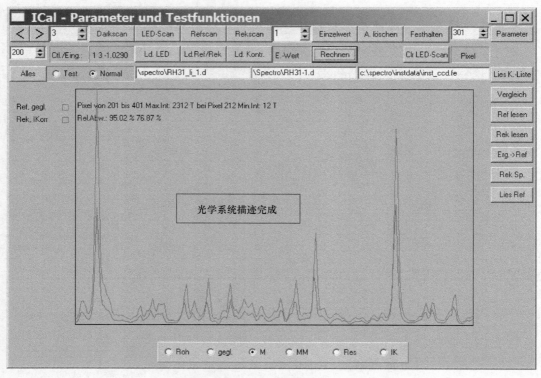

图 5-40　利用 ICal 谱图峰位进行描迹

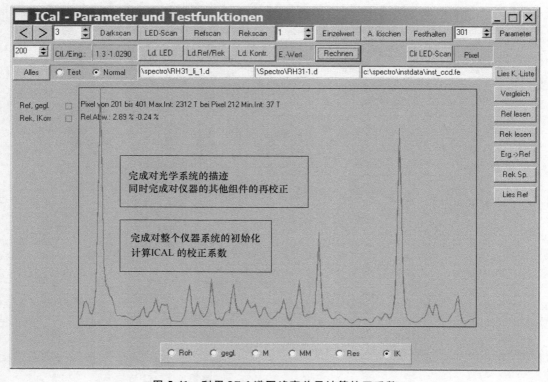

图 5-41　利用 ICal 谱图峰高差异计算校正系数

标样品的元素检测范围选择通道"Fe-20-M"，该通道各元素检测范围如图5-42所示。单击"编辑"按钮，在"类型标样"标签页面中单击"全局标样"按钮，添加相应的标准样品的标准值，单击"保存"按钮后，从全局标样中选择所需的标准样品添加至类型标样，如图5-42~图5-45所示。可以根据需要设定所能接受的最大值，最小值以及在样品分析时选择该标准样品的某部分元素进行标准化校正。

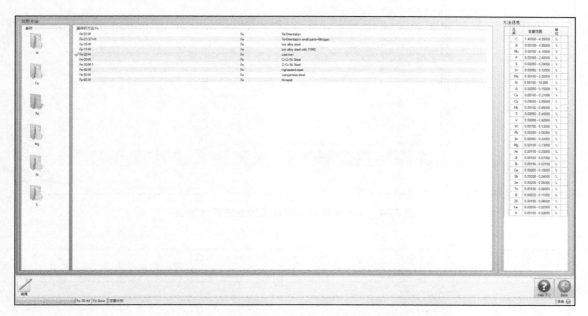

图 5-42　Fe-20-M 通道各元素检测范围

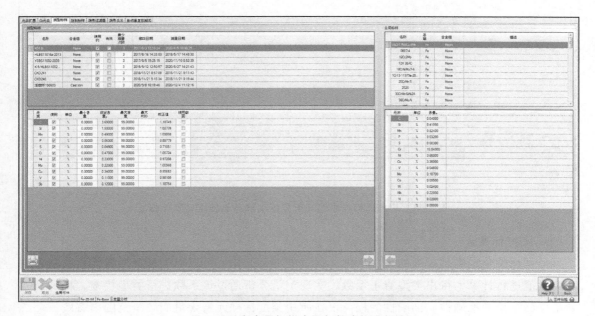

图 5-43　在全局标样中添加相应标准样品

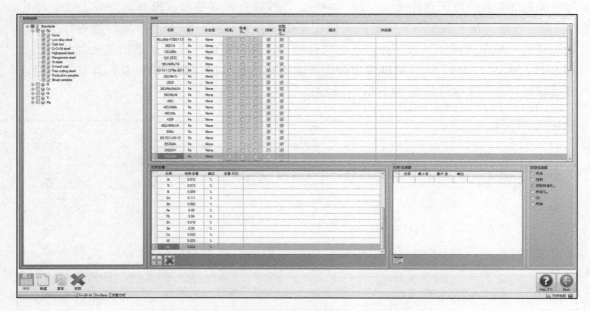

图 5-44　输入标准样品相应元素含量的标准值

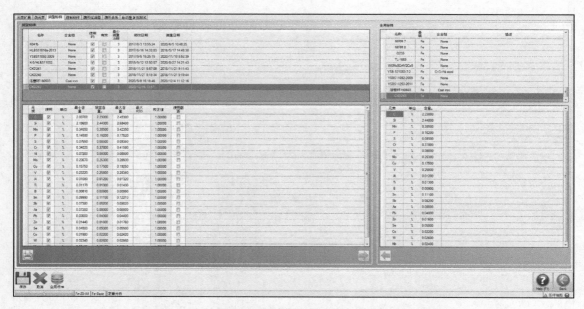

图 5-45　从全局标样中选择所需标准样品添加至类型标样

3. 类型标准化

类型标准化是类型校准的先决条件。通过类型标准化，可以对类型标样各元素的输入值和测量值进行计算，得出类型修正系数，实现定量分析通过该系数进行类型校准，提高元素含量检测结果的准确性。准确性的提高仅在所用类型标样元素含量的较窄范围内有效。

在分析界面的"加载方法（F10）"中选择"Fe"→"Fe-20-M（cast iron）"通道后，选择"类型标准化",选择所需进行类型标准化的标准样品激发多次（至少 3 次），去除偏离较大的点，完成该标准样品的类型标准化。具体操作过程如图 5-46~图 5-49 所示。

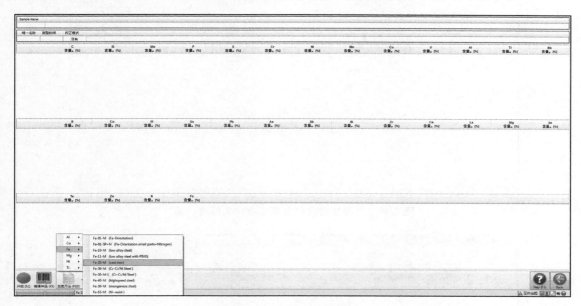

图 5-46　选择分析通道

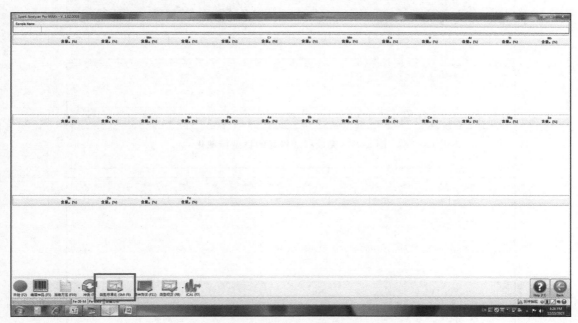

图 5-47　单击"类型标准化（Shift F8）"

4. 样品分析及结果处理

在样品分析界面单击"类型校正（F8）"按钮，选择合适的经过类型标准化的标准样品，将处理好的待测样品至少激发 2 次，取平均值。样品分析步骤如图 5-50~图 5-52 所示。

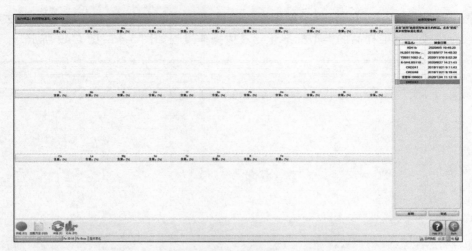

图 5-48　选择所需进行类型标准化的标准样品

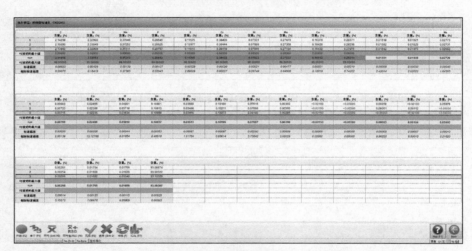

图 5-49　完成标准样品的类型标准化

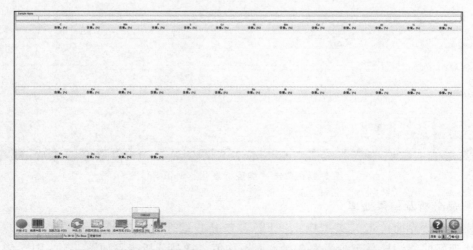

图 5-50　选择合适的经过类型标准化的标准样品进行类型校正

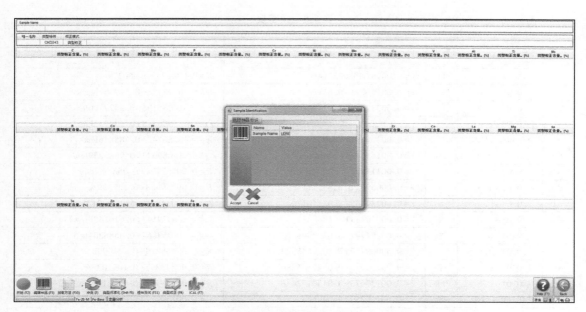

图 5-51 输入样品名称

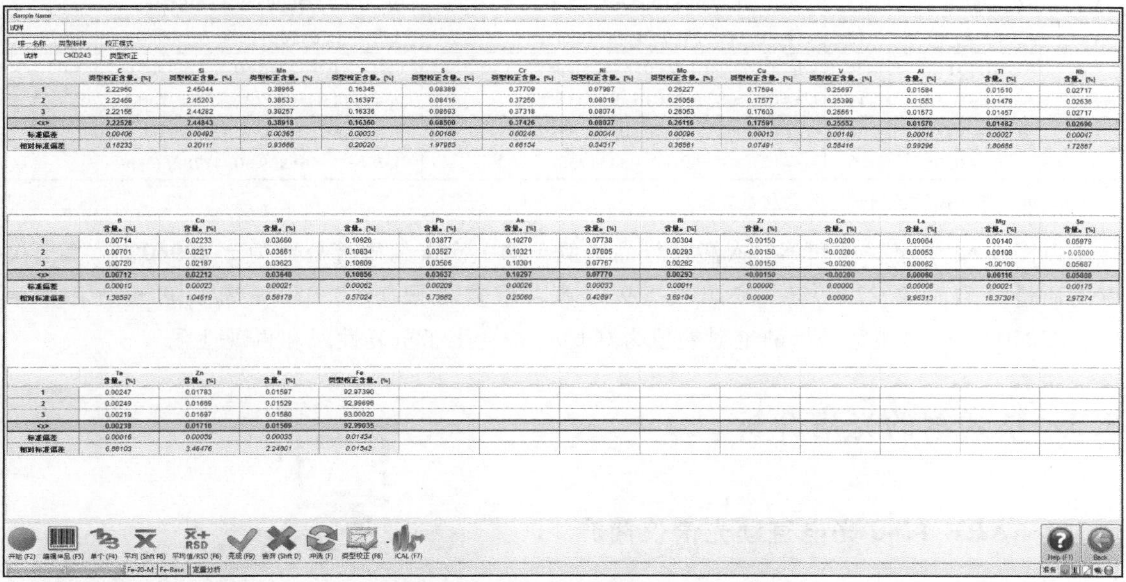

图 5-52 样品测试及结果

5. 精密度

重复性限 (r)、再现性限 (R) 按表 5-9 列出的方程求得。

在重复性条件下，获得的两次独立测试结果的绝对差值不大于重复性限 (r)，以大于重复性限 (r) 的情况不超过 5% 为前提。

在再现性条件下，获得的两次独立测试结果的绝对差值不大于再现性限 (R)，以大于再现性限 (R) 的情况不超过 5% 为前提。

表 5-9　精密度

元素	水平范围 （质量分数，%）	水平	重复性限（r）	再现性限（R）
C	2.0~4.5	11	$r=0.00181+0.022714m$	$R=0.024074+0.060279m$
Si	0.45~4.0	9	$r=0.001617+0.01611m$	$\lg R=-0.99428+0.529562\lg m$
Mn	0.06~2.0	10	$r=0.003324+0.0192189m$	$\lg R=-1.235195+0.5472106\lg m$
P	0.03~0.8	11	$r=-0.000142+0.056365m$	$\lg R=-0.906498+0.595953\lg m$
S	0.005~0.2	15	$r=0.001217+0.184319m$	$\lg R=-0.66742+0.785836\lg m$
Cr	0.03~2.9	10	$r=0.001659+0.0121006m$	$\lg R=-1.089647+0.9683259\lg m$
Ni	0.05~1.5	9	$r=0.00116804+0.0094576m$	$R=0.00357734+0.06818399m$
Mo	0.01~1.5	9	$r=0.000596+0.02393171m$	$R=0.00759968+0.127339m$
Al	0.01~0.4	8	$r=0.00222769+0.0315017m$	$R=0.00074894096+0.2391257m$
Cu	0.03~2.0	8	$r=0.0007043+0.01988217m$	$\lg R=-1.079143+0.6161489\lg m$
W	0.01~0.7	8	$r=0.00297797+0.03930683m$	$\lg R=-1.059867+0.5888201\lg m$
Ti	0.01~1.0	8	$r=0.00069797478+0.05459231m$	$R=0.00238819+0.121099m$
Nb	0.02~0.7	7	$r=0.00103926+0.05495652m$	$R=0.00646857+0.1991035m$
V	0.01~0.6	11	$r=0.00187673+0.01301726m$	$R=0.01413547+0.09231104m$
B	0.005~0.2	8	$r=0.00112259+0.04682327m$	$R=0.00150771+0.0771838m$
As	0.01~0.09	8	$r=0.00146056+0.04807817m$	$\lg R=-1.914203+0.2395165\lg m$
Sn	0.01~0.4	9	$r=0.0017921+0.039951m$	$R=0.000480021+0.1786248m$
Mg	0.005~0.1	12	$r=0.00009934+0.2801382m$	$R=0.00337922+0.4679616m$
La	0.01~0.03	13	$r=-0.00032419+0.4471624m$	$\lg R=-0.6458051+0.7695347\lg m$
Ce	0.01~0.1	9	$\lg r=-1.746162+0.34725\lg m$	$\lg R=-1.162746+0.3475394\lg m$
Sb	0.01~0.15	14	$r=0.000032403616+0.1035768m$	$R=0.00045027722+0.4692807m$
Zn	0.01~0.035	9	$r=0.00071976346+0.07259924m$	$R=0.00132164+0.1875903m$
Zr	0.01~0.05	5	$r=0.00165766+0.0345175m$	$\lg R=-1.565889+0.4178256\lg m$

注：m 是两个测定值的平均数（质量分数）。

以图 5-52 中第一次和第二次激发样品为例，第一次碳的质量分数为 2.22960%，第二次碳的质量分数为 2.22469%，按照表 5-9 计算，重复性限 $r=0.05239737$，再现性限 $R=0.15832407$，两次测定结果的绝对差值为 0.01，符合小于重复性限和再现性限。

5.3　不锈钢的光谱分析

5.3.1　ARL 4460 光电直读光谱仪简介

ARL 4460 光电直读光谱仪（见图 5-53）由 Thermo Scientific 公司提供，该光谱仪为真空型光电直读光谱仪。

1. 光学系统

光栅聚焦长度为 1000mm；真空度为 0.0133Pa；波长覆盖范围为 130~820nm；具有恒温控制（38℃±0.1℃）的单一光谱室；入射狭缝为 20μm，出射狭缝为 37.5μm、50μm 或 75μm。

图 5-53　ARL 4460 光电直读光谱仪

2. 激发光源

电流控制光源（Current Control Source，CCS）可以控制放电电流波形，峰值放电电流可以达到250A，火花频率可以上升到1000Hz，参数在设备出厂前已按照用户应用要求进行了设置。CCS参数的限定：最大峰值电流为250A，最大放电频率为800Hz，最大平台电流为30A。电流波形按时间划分为255段（每段约4μs），按电流划分为255段（每段约1A）。

3. 激发台

激发台有一个外罩，氩气在罩内循环流动。试样分析时，在氩气气氛保护下，在火花室内进行放电。

用火花消耗的能量来加热试样和放置试样的分析架，分析架的底座用闭路水冷回路冷却。在分析过程中通常产生两种火花，在某一时间内产生高能火花以便准备（熔化和均匀）试样表面，然后产生低能火花并测量这时发射出的光。

4. 氩气系统

氩气系统主要包括氩气容器两级压力调节器、气体压力表和自动改变氩气流量的控制部分。氩气系统使一小股冲净用的氩气流一直在激发台和火花室附近循环流动。设备待机时，氩气流量控制在0.2~0.5L/min，在火花作用期间流量自动增加。设备待机时的流量和分析流量用限流器固定。

5. 电极

使用直径为6mm的钨电极，顶端为圆锥形。如果电极顶端变圆或电极断裂就必须更换，一般每半年更换一次。

6. 测光系统

测光系统包括光电倍增管（管口直径为28mm）、10级侧窗管、熔凝石英玻璃外罩，具有时间分辨光谱术（time-resolved spectroscopy，TRS）的数据采集功能，允许单个火花在预定的时间窗口内积分，以便达到最佳的峰背比。

5.3.2 光谱分析技术要求

以铬镍不锈钢中多元素含量的测定为例，采用GB/T 11170—2008《不锈钢 多元素含量的测定 火花放电原子发射光谱法（常规法）》对其含量进行测定。

1. 元素检测范围

铁基金属主要分析元素与测量范围见表5-10。

表5-10 铁基金属主要分析元素与测量范围

分析元素	测量范围 （质量分数，%）	波长/nm	分析元素	测量范围 （质量分数，%）	波长/nm
C(2)	0.0015~4.5	193.09	P(1)	0.0001~1.5	178.29
Mn(2)	0.5~25	263.82	Cr(1)	0.0002~2.5	267.72
Mn(3)	0.0001~6.0	293.31	Cr(3)	0.2~35	298.92
Si(1)	0.0006~6.0	212.41	Ni(2)	0.0002~2.5	231.60
Si(3)	0.001~6.0	288.16	Ni(3)	1.0~40.0	243.79
Si(4)	0.1~20	390.55	Ni(6)	—	341.47
S(1)	0.0003~0.4	180.73	Mo(1)	0.003~10.0	202.03

（续）

分析元素	测量范围（质量分数,%）	波长/nm	分析元素	测量范围（质量分数,%）	波长/nm
Cu(5)	0.001~10.0	224.26	Co(3)	0.1~25.0	258.03
Cu(7)	0.00005~0.1	324.75	Nb(1)	0.0004~4.0	319.50
Cu(9)	0.05~10.0	510.55	Sb(2)	0.0004~0.5	217.58
Mg(1)	0.0005~0.5	279.08	Sn(2)	0.0003~0.5	189.99
Mg(6)	—	382.93	Sn(5)	0.01~0.5	317.51
Al(7)	0.0001~2.0	394.40	Ti(4)	0.00006~3.0	337.28
As(1)	0.0002~0.3	189.04	V(3)	0.00015~10.0	311.07
B(1)	0.00003~1.0	182.64	W(7)	0.0015~25.0	220.45
B(2)	—	249.68	Zn(5)	0.005~0.5	334.50
Co(1)	0.0001~5.0	228.62	Zr(2)	0.0004~0.5	343.82

2. 取样和样品制备

（1）取样　新购的标准样品和从车间取回的样品表面都是未经处理的，不能直接用于分析，须将样品磨平，一般磨样的工具采用专门的平磨机。应按照 GB/T 20066—2006 的要求进行取样和制样。标准样品、控制样品和分析样品应在同一条件下研磨，不得过热。

（2）样品制备　采用中钢科仪（北京）科技有限公司提供的 TM-400S 光谱磨样机进行样品制备。

1）样品制备前应先检查制样设备（如切割机、平磨机等），确认安全后方可进行制样。

2）平磨机接通电源后，应先低速启动做空转试验，检查机器电源、通风各部分工作状态，然后开始工作。

3）磨制样品应能牢固手持，接触砂纸平面时平稳缓慢，磨制时保持移动样品，温度过高时及时停止磨制，待样品冷却后再继续进行磨制。

4）抛光面要求平整、纹理清晰，不得有气孔、裂纹、宏观非金属夹杂物及油污，并且严禁用手或其他物品与抛光后的样品表面直接接触，以防止沾污其表面，影响分析质量。

5）磨样材料为 46 目氧化铝砂纸视砂纸，应根据使用情况定期更换，要尽量避免因磨制不同样品而引起的砂纸对样品的沾污。

6）分析样品尺寸要求见表 5-11。

表 5-11　分析样品尺寸

尺寸	最小值	最大值
长度/mm	14	220
宽度/mm	14	110
高度/mm	3	150

5.3.3　ARL 4460 光电直读光谱仪的操作

ARL 4460 光电直读光谱仪的具体操作如下。

1. 仪器的准备

（1）环境要求　实验室内环境温度为 16~30℃，允许的最大温度变化为 ±5℃/h，相对湿度为 20%~80%。

（2）电力要求　电压为230V（+10%/-15%），保护性接地的单相电源（电压波动超过±10%时应采用5kVA稳压器）。

（3）氩气要求　氩气纯度>99.995%，最大含氧量为0.0005%，二次分压为0.25~0.30MPa。

（4）测光系统　为使测光系统工作稳定，在使用前应预先通电。经历较长时间停机后，仪器通电后必须达到各项指标显示正常后方可工作。

仪器通电之前，应检查仪器有无异常，仪器与外部设备连接线连接是否正常。配电盘合闸后，打开交流稳压器的开关稳定2min，面板上的电压应指示220V。

打开断电保护开关（绿色按钮），依次开启总电源（MAIN 16A）、配电板（ELEC-TRONICS），等待30s后开启负高压电源（HRVPS），然后开启真空泵（VACUUM PUMP）及水泵（WATER PUMP）。

将室内温度保持恒定（22~26℃），待仪器稳定后（新开机至少6h以上），选择命令"工具"→"操作"→"读取状态［F7］"，如图5-54所示。

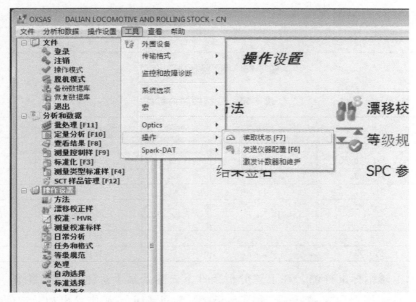

图 5-54　进入"仪器状态"窗口的操作

进入"仪器状态"窗口后，检查各参数值，各参数值在"最小"与"最大"之间时，方可进行后续检测工作。"仪器状态"窗口如图5-55所示。

2. 分析条件和分析步骤

（1）分析条件　分析条件见表5-12，分析线和内标线见表5-13。

表 5-12　分析条件

项目	分析条件	项目	分析条件
火花放电前氩气冲洗时间/s	2	预积分激发光源条件	Fe1
预积分时间/s	5	积分激发光源条件	Fe11
积分时间/s	5	为所有光电倍增管选择高压/V	1000

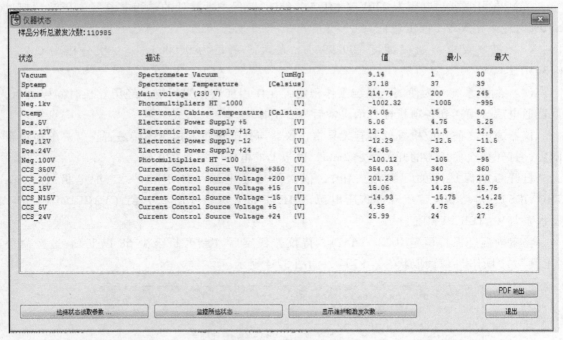

图 5-55 "仪器状态"窗口

表 5-13 分析线和内标线

元素	波长/nm	干扰元素	元素	波长/nm	干扰元素
Fe	273.07（内标线） 492.39（内标线）	—	Cr	298.92	Mn、Si
			Ni	243.79	Cr、Mn、Mo
C	193.09	Al、Cr、Ni	Mo	202.03	Cr
Si	212.41	Cr、Mo、Nb	Al	394.40	Mn、Mo
Mn	263.82 293.31	Mo、Ni、Cr	Cu	224.26 324.75	Mn
P	178.29	Nb	Ti	337.28	W
S	180.73	Mn、Ni	V	311.07	Mn

　　选用若干不锈钢标准样品，在上述分析条件下去除元素干扰建立校准曲线。持久工作曲线（出厂前已按照用户要求做好），如图 5-56~图 5-65 所示。相应给出相对浓度（C,%）和相对强度（I）的函数关系方程，即曲线方程（见图 5-56~图 5-65 注）。

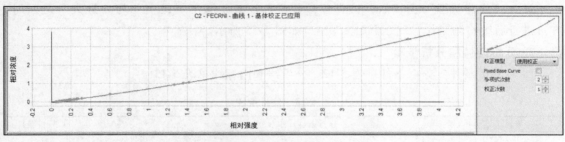

图 5-56 C2 工作曲线图

注：曲线方程为 $C_{C2} = -0.0258 + 0.6557I + 0.0743I^2$。

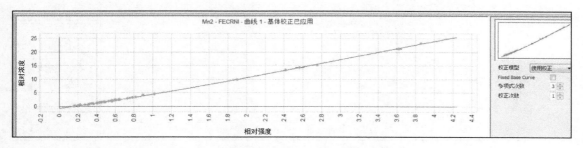

图 5-57　Mn2 工作曲线图

注：曲线方程为 $C_{\mathrm{Mn2}}=-0.7175+1.495I+0.7211I^2+0.0758I^3$。

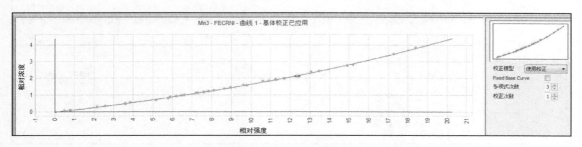

图 5-58　Mn3 工作曲线图

注：曲线方程为 $C_{\mathrm{Mn3}}=-0.0351+0.1336I+0.0025I^2+0.0000866I^3$。

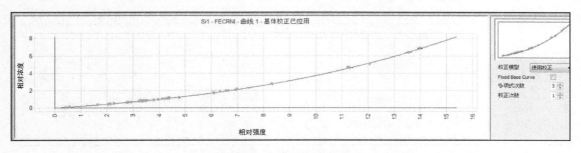

图 5-59　Si1 工作曲线图

注：曲线方程为 $C_{\mathrm{Si1}}=-0.0161+0.1905I+0.0109I^2+0.0007I^3$。

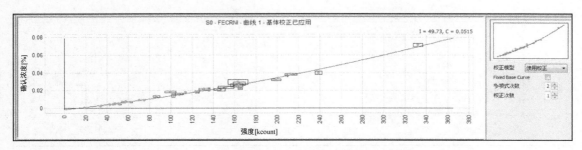

图 5-60　S0 工作曲线图

注：曲线方程为 $C_{\mathrm{S0}}=-0.0016+0.00012833I+0.0000002549I^2$。

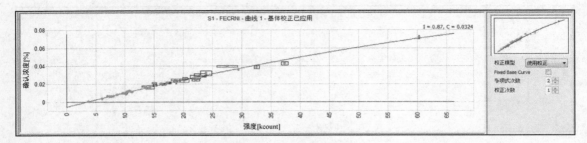

图 5-61　S1 工作曲线图

注：曲线方程为 $C_{S1} = -0.0057 + 0.0016I - 0.000006138I^2$。

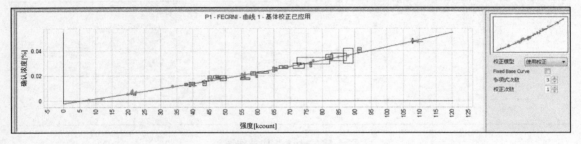

图 5-62　P1 工作曲线图

注：曲线方程为 $C_{P1} = -0.0023 + 0.0003778I + 0.0000004721I^2 + 0.0000000029886I^3$。

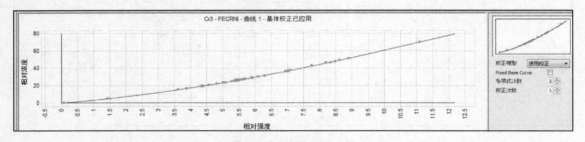

图 5-63　Cr3 工作曲线图

注：曲线方程为 $C_{Cr3} = -0.2350 + 2.6500I + 0.4410I^2 - 0.0101I^3$。

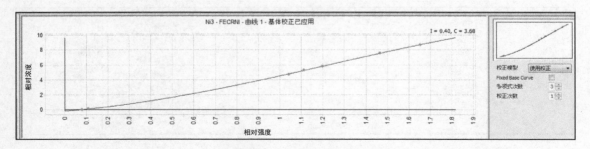

图 5-64　Ni3 工作曲线图

注：曲线方程为 $C_{Ni3} = -0.1780 + 2.1361I + 3.5351I^2 - 0.9513I^3$。

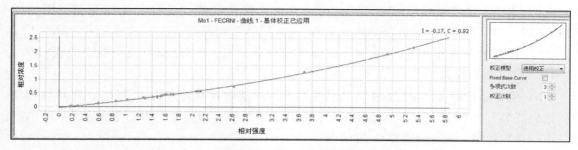

图 5-65　Mo1 工作曲线图

注：曲线方程为 $C_{Mo1} = -0.0318 + 0.2490I + 0.0138I^2 + 0.0033I^3$。

（2）分析步骤　按要求准备好仪器，分析前先用一块样品激发 2~5 次，确认仪器处于最佳工作状态，进行描迹标准化更新、类型标准化更新。

随着系统条件的缓慢变化，应对光学系统重新描迹，根据其自带数据库管理软件存贮每个描迹点的激发强度数据，可以详细地掌握仪器的描迹变化及光强变化趋势。描迹主要考虑"狭缝的一致性"，照顾到各元素的强度，因此不一定使每个元素的光强最大、背景最低。

1）准备一块各元素含量适中的样品，制备好后待用。

2）检查仪器处于正常状态：选择命令"工具"→"操作"→"读取状态［F7］"，检查各参数值应在"最小"与"最大"之间。

3）选择命令"工具"→"光学检查"→"积分描迹"，打开积分描迹界面，如图 5-66 所示。

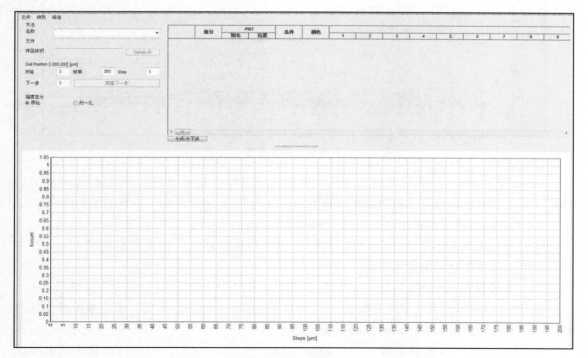

图 5-66　描迹界面

4）选择命令"文件"→"新建"，在"方法"选项组的"名称"下拉列表框中选择"Profile"，在"Dial Position［-200；-200］［μm］"选项组的"开始"文本框中输入"85"（比上一次描迹位置小10），"结束"文本框中输入"105"（"开始"文本框中的值+20），"Step"文本框中输入"2"。

5）将样品正确放在激发台上，先将描迹盘指针逆时针旋转并指向"75"，再顺时针旋转指向"85"（"开始"值处），激发样品，获得当前数值下的强度。激发完成后，单击"测量下一步"按钮，下一刻度开始描迹。

6）按照"测量下一步"指示要求连续完成85、87、…、105位置的描迹点（注意每一步都要正确调整好描迹盘位置，可不更换试样激发点）。

7）描迹完成后可以看到界面下方出现一似正态分布的曲线群（见图5-67），在该界面选择菜单命令"峰值"→"显示峰值位置"，可以看到曲线群峰顶旁边出现一个平均峰值。

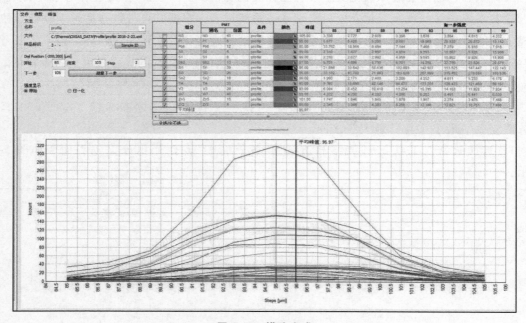

图 5-67　描迹完成

8）在该界面右上方的通道列表中可以看到各通道峰位置（峰值），将峰位置远离平均峰值3个以上的通道删除（取消勾选通道前面的复选框），可以看到一个新的平均峰值。

9）将描迹盘位置固定在这个新的平均峰值位置处。

10）选择菜单命令"文件"→"另存为"，出现存储对话框，单击右下角的"save"按钮，存储描迹位置并关闭描迹界面。

（3）光谱仪标准化更新

1）将随设备所带光谱仪更新试样（也叫漂移校正样）制备好待用，根据采购时提供的技术文件不同，每台设备校正样的也不同。

2）选择命令"分析和数据"→"批处理［F11］"（见图5-68），打开标准化更新批处理界面。

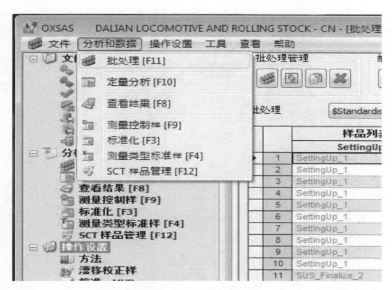

图 5-68　进入批处理管理

3）在标准化更新批处理界面单击"运行分析"下的图标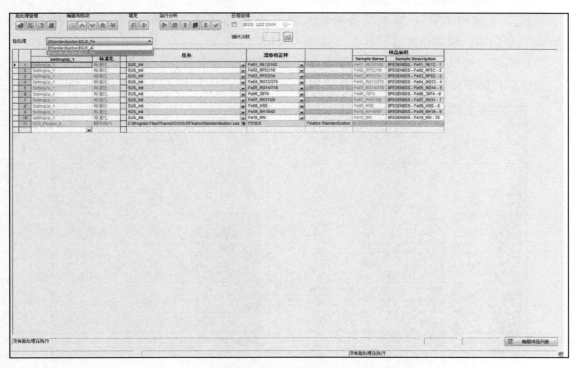（包含所有样品），如果试样列表没有错误，单击图标，批处理将被执行，样品将自动按顺序分析，如图 5-69 所示。

图 5-69　标准化更新批处理界面

4）按照"漂移校正样："选项指示的样品名称，将对应的更新试样正确放在试样台上。单击标准化更新界面下方的"开始"按钮，开始执行该块试样的标准化更新，如图 5-70 所示。

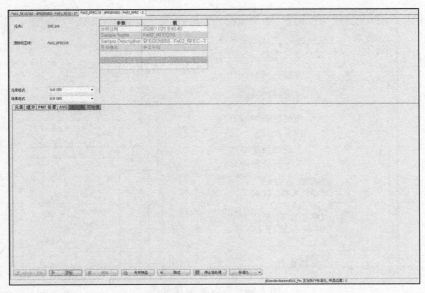

图 5-70　标准化更新

待标准化更新完成后，数据出现在该界面下方（包括"上一次""初始值"数据），单击"继续"按钮，再次进行运算，一般要重复进行 5 次以上。检查"AVG"与"上一次""初始值"之间的数据差别，以防所用试样与样品标识不符的情况出现；检查"SD""SD%"栏数据，剔除离群值后单击"完成"按钮。

5）单击"完成"按钮后将出现下一个更新试样的标准化界面，重复步骤 4）。

6）试样标准化更新全部完成后（见图 5-71）将出现询问是否校正的窗口，单击"是"

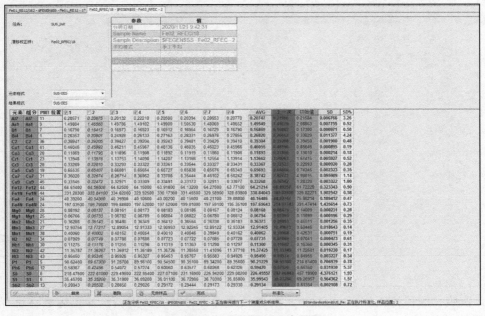

图 5-71　标准化更新完成界面

按钮完成标准化更新；最后出现"漂移校正报告"窗口，单击"开始报告"按钮出现报告文件，可以打印报告。完成相应操作退出标准化更新批处理界面。

（4）光谱仪类型标准化的建立　在这里以建立不锈钢316L类型标准为例进行说明。

1）将用于建立类型标准的标准样品制备好待用（316L）。

2）在左侧任务栏中，选择菜单命令"操作设置"→"方法"，如图5-72所示。

3）选择所用方法（单击"方法"栏中的"Copy of FECRNI"，在左边小方格中出现▶标志），如图5-73所示。

4）在类型标准建立界面右下角单击"从方法创建类型标准..."按钮，出现"信息"对话框提示类型标准创建成功后，在"类型标准"一列末行出现新类型标准，系统默认名称为"new TypeStd（数字编号）"（见图5-74）。

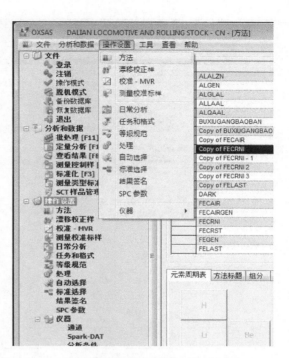

图 5-72　进入类型标准建立界面的操作

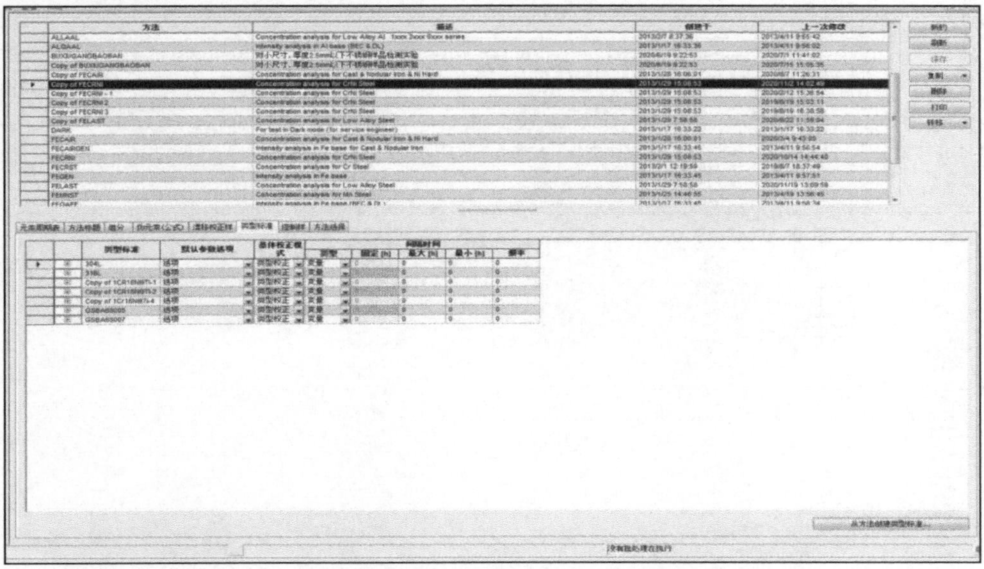

图 5-73　类型标准建立界面

5）将"类型标准"栏的系统默认名称改为所需名称（如316L）。单击316L类型标准前的图标田，展开类型标准设置，如图5-75所示。

6）展开类型标准设置后，勾选需要建立类型标准的元素。在初始值列（即"Nominal

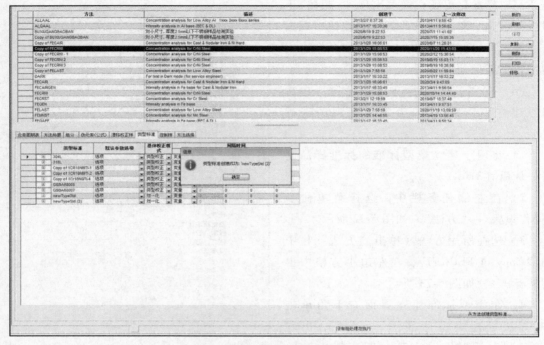

图 5-74　类型标准创建成功

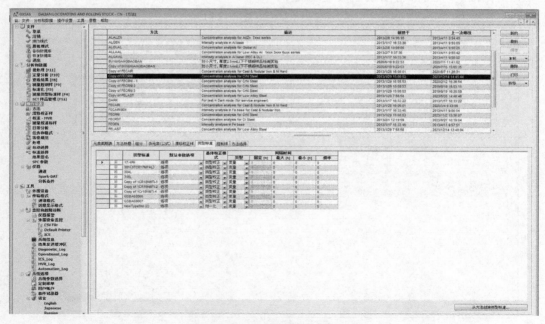

图 5-75　展开类型标准设置操作

Value"栏）输入所用标准样品各元素标准值，如图 5-76 所示。

（5）类型标准初始化

1）选择菜单命令"分析和数据"→"测量类型标准样［F4］"（见图 5-77），进入类型标

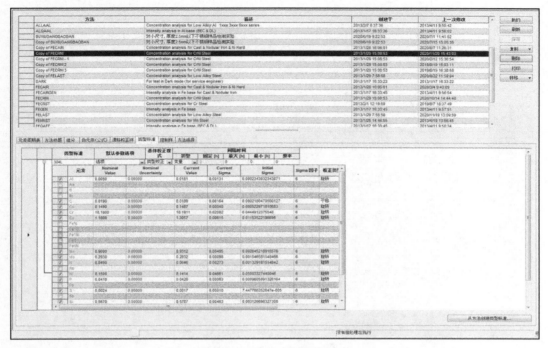

图 5-76　类型标准参数选择

准校正界面。

2）在"任务："栏中选择"Ts＿Init"，在"类型标准："栏中选择步骤（4）所建的类型标准"316L"。类型标准初始化界面如图 5-78 所示。

3）将制备好的类型标准样品放至激发台，测量样品值开始类型标准初始化，所得数据显示在类型标准初始化界面下方。一次测定完成后，单击"继续"按钮再次分析，一般要重复进行 5 次以上。检查"SD""SD%"栏数据，剔除离群值后单击"完成"按钮，类型标准初始化完成。

（6）类型标准校正和使用

1）完成初始化的类型标准在使用前，需要对其进行分析及类型标准校正。

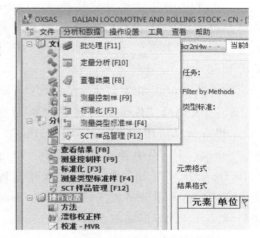

图 5-77　进入类型标准初始化的操作

2）与类型标准初始化相同，选择菜单命令"分析和数据"→"测量类型标准样［F4］"进入测量类型标准样界面，如图 5-79 所示。

3）在"类型标准："栏中选择需要进行类型标准校正的类型标准（如 316L），如图 5-80 所示。

4）将制备好的类型标准样品放至激发台，测量样品值开始类型标准校正。一次测定完成后，单击"继续"按钮再次分析，一般要重复进行 5 次以上。检查"SD""SD%"数据，剔除离群值后单击"完成"按钮，类型标准校正完成。

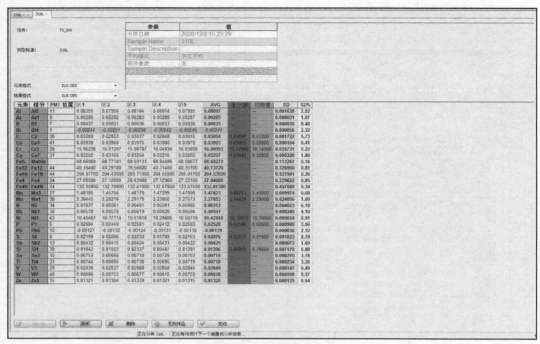

图 5-78　类型标准初始化界面

（7）利用类型标准分析样品（以 316L 类型标准分析 316L 不锈钢为例）　选择菜单命令"分析和数据"→"定量分析［F10］"打开相应界面。

将待测 316L 不锈钢样品放至激发台，在"任务："栏选择"Conc_Fe"，在"类型标准："栏中选择所用的类标名称（"316L"），在"Sample Id"栏中输入样品标识，单击"SID Ok"及"开始"按钮，进行样品检测，完成后即显示分析数据。采用类型标准进行样品分析的界面如图 5-81 所示。

3. 数据处理

直读光谱仪数据的计算原理是利用一系列的标准样品测定某元素的强度，根据对应元素标准成分组成计算曲线（该曲线在 ARL 4460 光电直读光谱仪的操作系统中称

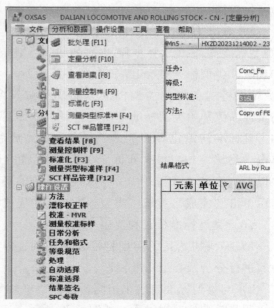

图 5-79　进入类型标准样品分析的操作

为基本曲线），其他待测样品测得强度后，通过基本曲线计算出待测成分的含量。

表 5-14 列出了 ARL 系列直读光谱仪不锈钢测定程序中所含元素的基本曲线信息。由表 5-14 可以看到，有的元素的基本曲线不是单一的，而是通过对强度范围的设定将基本曲线分为几段。在做分析时，要将选择的标准样品值与待测样品值在同一曲线段才会得到正确

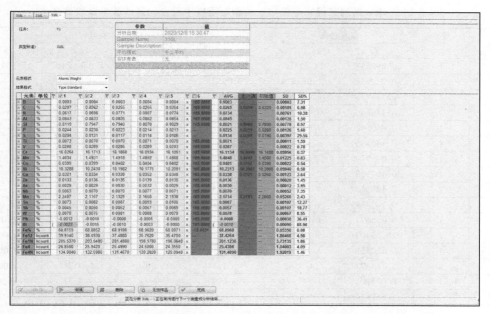

图 5-80 类型标准校正界面

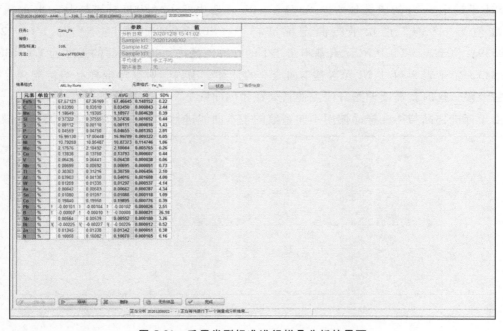

图 5-81 采用类型标准进行样品分析的界面

的分析结果。

当被测样品结果在曲线分断点附近时，由于曲线分段计算，曲线的不同就会带来误差。特别在不锈钢、高锰钢等高含量数据测定时，这种干扰会对检测结果造成较大影响。这就需要检测人员关注这些曲线的分断点，在出现这种干扰的情况时可以选择调整曲线的断点，从而减少检测误差。

表 5-14　ARL 系列直读光谱仪不锈钢测定程序中所含元素的基本曲线信息

元素	基本曲线	强度极限		多项式系数			
		低	高	A0	A1	A2	A3
Al	1	0.090857	24.225106	0.0047	0.0345	-4.0462×10^{-4}	7.5569×10^{-5}
As	1	0.227633	1.082814	0.0053	0.0355	0.0112	—
B	1	0.121236	2.440019	0.0017	0.0157	1.2281×10^{-5}	—
Bi	1	0.178540	0.457442	0.0248	0.1368	—	—
C	1	0.040547	4.051311	0.0258	0.6557	—	—
Co	1	0.159546	6.559866	0.0094	0.1197	0.0055	—
Cr	1	0.079970	12.195723	0.2360	2.6500	0.4410	0.0101
Cu	1	0.127382	2.128980	0.1437	1.1262	0.1830	—
	2	2.128960	4.728382	0.1173	0.9603	0.2612	—
Mg	1	0.145469	4.245367	-0.7175	4.4950	0.7211	-0.0758
Mn	1	0.455622	18.69403	-0.0351	0.1336	0.0025	8.6614×10^{-5}
	2	18.69403	50.89074	-0.0634	0.1851	-0.0006	2.420910^{-4}
Mo	1	0.152158	5.443577	-0.0318	0.2490	0.0138	0.0033
	2	5.443577	14.8563	-0.0034	0.1461	0.0536	0.0011
Ni	1	0.071908	1.669474	-0.1780	2.1361	3.5351	-0.9512
	2	1.669474	7.030905	-0.1209	3.3367	1.5420	0.0202

　　下面以测定 301 材质不锈钢中 Ni 为例，介绍一下曲线断点的结果处理。

　　301 不锈钢中 Ni 的质量分数为 6.0%～8.0%。选用 GSBA68006 标准样品，Ni 的质量分数标准值为 6.93%。两次平行测定标准样品 GSBA68006 的强度分别为 1.639924 和 1.630539，位于表 5-14 中 Ni 元素基本曲线 1 的计算范围内；待测样品的强度为 1.675333 和 1.679843，位于表 5-14 中 Ni 元素基本曲线 2 的计算范围内。所以标准样品与待测样品不在同一曲线段，这时就需要调整分段点使其处在相同曲线。Ni 基本曲线如图 5-82 所示。

　　由于标准样品与待测样品使用不同系数的基本曲线进行计算，这时就需要调整分段点使

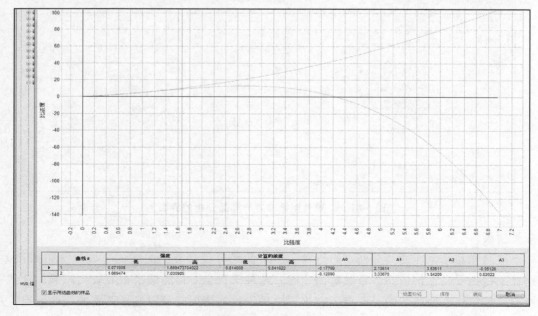

图 5-82　Ni 基本曲线

其处在相同曲线上，即重新进行断点设置。

选择菜单命令"操作设置"→"校准-MVR"（见图 5-83），进入校准曲线程序。

依次展开"FECRNI"→"分析元素"→"Ni3"栏，如图 5-84 所示，Fe-CrNi 不锈钢中 Ni 元素的两条基本曲线图形，以及曲线强度、曲线 A0、A1、A2、A3 系数等。两条基本曲线强度的低、高数值均可在此进行输入更改。

右击"Ni3"栏，在弹出的快捷菜单中选择"设置断点…"命令，进行曲线断点设置，如图 5-85 所示。

为使 GSBA68006 标准样品和实际测定样品的 Ni 元素强度处于同一曲线强度范围，在 Ni 元素基本曲线 1 的强度"高"栏内输入要更改的强度值"1.5231648"。此时系统会自动将 Ni 元素基本曲线 2 强度"低"栏调整为相同的"1.5231648"，其他数值不变，曲线断点设置完成。调整断点后的 Ni 元素基本曲线如图 5-86 所示。

图 5-83　进入"校准-MVR"的操作

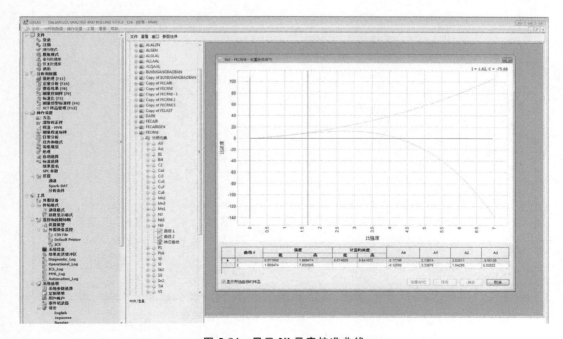

图 5-84　显示 Ni 元素校准曲线

此时 Ni 元素基本曲线 1、基本曲线 2 的强度范围更新调整，新的基本曲线信息见表 5-15。此时标准样品 GSBA68006 和被测样品 Ni 元素强度都处在 Ni 元素基本曲线 2 的强度范围之内。系统自动使用基本曲线 2 计算标准样品及实际测定样品 Ni 元素的含量。

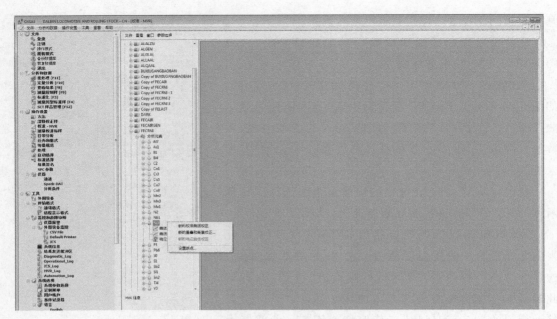

图 5-85　进行 Ni 元素校准曲线断点设置

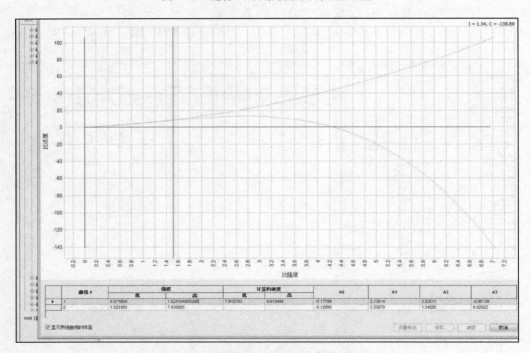

图 5-86　调整断点后的 Ni 元素基本曲线

表 5-15　断点设置改为"1. 5231648"后 Ni 元素基本曲线信息

元素	基本曲线	强度极限		多项式系数			
		低	高	A0	A1	A2	A3
Ni	1	0. 071908	1. 5231648	−0. 1780	2. 1361	3. 5351	−0. 9512
	2	1. 5231648	7. 030905	−0. 1209	3. 3367	1. 5420	0. 0202

采用调整断点的方法时，断点选择后待测元素的结果应与其他方法做比对，以验证断点选择的正确性。

5.4　铜、铝及其合金的光谱分析

5.4.1　SPECTROLAB M12 光电直读光谱仪简介

SPECTROLAB M12 光电直读光谱仪（见图 5-87）由德国斯派克公司生产，可用于各种金属材料中化学元素的精确成分分析。该设备的具体技术参数如下。

1）光栅刻线 3600 条/mm 光栅，色散率 0.37nm/mm（1 级光谱）。

2）波长范围 120~800nm。

3）光栅焦距 750mm。

4）检测器类型：双检测器（PMT+CCD）。

5）激发类型：火花。

6）最多可设置 108 个分析通道。

7）环境适应性强，无须防震、恒温。

8）工作温度范围 10~40℃。

图 5-87　SPECTROLAB M12 光电直读光谱仪

该设备的主要特点如下。

1）多光学系统配置，最多可以设置 3 个光学系统。

2）所有元素采用 1 级谱线，灵敏度高，光谱干扰小。

3）原厂校准工作曲线，用户无须标准样品制作曲线，随机提供 SUS 校准标准样品。

4）SAFT 痕量元素分析技术，使分析灵敏度提高 1 个数量级，可以分析 mg/kg 级元素。

5.4.2　光谱分析技术要求

1. 标准规定的检测范围

（1）铜及铜合金的光谱分析标准　采用 YS/T 482—2022《铜和铜合金分析方法　火花放电原子发射光谱法》，该标准规定了铜及铜合金中合金元素及杂质元素的分析方法，各元素的测定范围见表 5-16。

表 5-16　YS/T 482—2022 中铜和铜合金各元素测定范围

元素	测定范围（%）	元素	测定范围（%）
Pb	0.0005~5.00	Cr	0.00005~1.50
Fe	0.0001~9.00	Al	0.0005~15.00
Bi	0.00005~3.50	Ag	0.0001~2.00
Sb	0.00014~0.70	Zr	0.0001~1.00
As	0.00005~0.60	Mg	0.0005~1.50
Sn	0.0001~15.00	Se	0.0001~0.50
Ni	0.0001~47.00	Te	0.0001~1.00
Zn	0.0001~45.00	Co	0.0001~1.20

（续）

元素	测定范围（%）	元素	测定范围（%）
P	0.0001～1.00	Cd	0.00005～1.50
S	0.0001～0.70	B	0.0010～0.035
Mn	0.00005～25.00	Ti	0.010～1.00
Si	0.0001～6.00	Be	0.010～3.50

（2）铝及铝合金的光谱分析标准　采用 GB/T 7999—2015《铝及铝合金光电直读发射光谱分析方法》，该标准规定了铝及铝合金中合金元素及杂质的光电直读发射光谱分析方法，各元素的测定范围见表 5-17。

表 5-17　GB/T 7999—2015 中铝及铝合金各元素测定范围

元素	测定范围（%）	元素	测定范围（%）
Sb	0.0040～0.50	Li	0.0005～0.010
As	0.0060～0.050	Mg	0.0001～11.00
Ba	0.0001～0.005	Mn	0.0001～2.00
Be	0.0001～0.20	Ni	0.0001～3.00
Bi	0.0010～0.80	P	0.0005～0.0050
B	0.0001～0.0030	Sc	0.050～0.30
Cd	0.0001～0.030	Si	0.0001～15.00
Ca	0.0001～0.0050	Na	0.0001～0.0050
Ce	0.050～0.60	Sr	0.0010～0.50
Cr	0.0001～0.50	Sn	0.0010～0.50
Cu	0.0001～11.00	Ti	0.0001～0.50
Ga	0.0001～0.050	V	0.0001～0.20
Fe	0.0001～5.00	Zn	0.0001～13.00
Pb	0.0001～0.80	Zr	0.0001～0.50

2. 取样和样品制备

（1）取样　分析用的试样应具有代表性，应保证均匀、无气孔、无夹杂、无裂纹，试样表面应清洁无氧化、光洁平整。试样可以从熔体中取，也可以从铸锭或机械加工件上取。

从熔融状态取样时，用预热过的铸铁模或钢模浇铸成型。分析易挥发元素时，应采用坩埚从熔体中取样。

从铸锭或机械加工件上取样时，应从具有代表性的部位取样；若有偏析现象时，可将试样重新熔融浇铸，但必须掌握熔铸条件，避免重熔损失或污染。

（2）样品制备　棒状和块状样品分析面经车床或铣床加工出光洁平整的平面，带状样品可通过角磨机等设备进行加工，并保证在制样过程中试样不氧化、不污染，制样中不可用切削液或普通冷却液（可用无水乙醇冷却）。

SPECTROLAB M12 光电直读光谱仪可以选配小样品分析程序，配置小孔激发台板和极距规，小孔激发台板孔径 8mm，选配合适的小样品分析夹具，从而可以分析有效面积较小的试样，以满足对小试样分析的需求。试样具体尺寸如下。

带状试样：厚度≥0.5mm，有效面积≥（30×30）mm²。

棒状试样：直径≥6mm，长度适合激发台。

块状试样：厚度≥5mm，有效面积≥（30×30）mm²。

（3）标准样品（标准物质）　建立标准曲线用的标准样品（标准物质）应采用国家级或公认的权威机构研制的标准样品（标准物质），所选择的标准样品（标准物质）系列原则上应与分析试验用的化学组成及冶金过程基本一致，并能涵盖分析元素的测定范围，同时具有适当质量分数间隔（梯度）的 4 个以上的标准样品（标准物质）作为一个系列。

（4）再校准样品　再校准样品是用来校准仪器工作状态的成分均匀、稳定的样品。再校准样品可以从标准样品（标准物质）系列中选取，也可从满足基本要求的、均匀稳定的、再现性好的试样中选取。

（5）控制样品　控制样品是具有准确定值的与待测试样具有相似基体、相近组织结构的标准样品。

3. 仪器的准备

（1）环境条件　实验室应防电磁干扰、防震、无气体腐蚀。一般室内温度应保持在 20～30℃。在同一个再校准周期内，实验室温度变化不超过 5℃，相对湿度应小于 80%。

（2）光源参数　光电直读光谱分析的准确度和灵敏度与光源条件密切相关。日常分析中，只有对光源条件进行试验后，才能确定并选择出各材料的最佳分析条件。在光源条件中，电容、电感、电阻这三个电学参数对分析元素的再现性是很重要的。对于现在生产的光谱仪，其光源参数（尤其是电容、电感、电阻）已在仪器出厂前根据用户的需要调整好了，故这一部分在制作工作曲线时可不进行选择。

（3）电极的选择　激发电极种类为钨圆锥体电极；电极间距为 4～5mm。

（4）预燃、冲洗和曝光时间的选择　预燃时间为 3～10s 冲洗时间由冲洗曲线决定；曝光时间为 3～5s。

（5）氩气的选择　氩气纯度≥99.999%；氩气压力为 0.5～0.7MPa；大流量冲洗时的流量为 5～8L/min，激发流量为 3～5L/min，惰性流量为 0.5～1L/min。

（6）内标元素线及谱线条件的选择　生产厂商根据用户的生产任务配置几个内标元素，可以分析不同基体的生产任务。分析铝合金时，采用铝为内标元素。铝合金和铜合金中常用被测元素的分析线波长分别见表 5-18 及表 5-19。

表 5-18　铝合金中常用被测元素的分析线波长

元素	波长/nm	质量分数下限（%）	质量分数上限（%）	元素	波长/nm	质量分数下限（%）	质量分数上限（%）
Si	288.15	0.0030	2.100	Zn	334.50	0.0080	1.100
Si	390.55	1.8000	28.000	Zn	472	0.8000	13.500
Fe	259.93	0.0050	0.100	Zn	481	99.0000	100.000
Fe	371.99	0.0800	7.200	Ni	231	99.0000	100.000
Cu	324.75	0.0020	0.780	Ni	471	0.4000	3.400
Cu	510.55	0.7500	12.000	Pb	405	0.0050	1.350
Mn	263.82	1.8000	15.500	Sn	317	0.0060	0.500
Mn	293.30	0.0020	2.000	Ti	498	0.0030	0.400
Mn	403.45	99.0000	10.000	Zr	343	0.0010	0.300
Mg	285.21	0.0030	0.200	V	311	0.0020	0.120
Mg	382.93	0.1800	13.600	Cr	425	0.0020	0.550

表 5-19 铜合金中常用被测元素的分析线波长

元素	波长/nm	可能的干扰元素
Bg(背景)	169.990,171.090,175.667,196.058,222.395, 231.450,310.500,319.600	—
Cu	136.795,147.240,207.866,219.568,282.437,296.117,299.736, 309.993,310.860,327.394,453.082	—
Pb	283.307,405.782	Fe,Bi,Cr,Zn,Sn,Si,NiMn
Fe	238.207,271.441,371.994	Mn,Si,Al,Pb,Sn,Al,Ni,Cr
Bi	306.772,293.830	Sn,Zn,Ni
Sb	143.645,187.115,206.833,287.792	P,Fe,Zn,Sn,Ni,Pb,Si
As	189.042	Ni
Sn	175.790,317.502	Si,Zn,Fe,Ni,Mn,Al,Bi
Ni	231.604,300.249,308.075,313.411,341.54,380.71	Sn,Si,Fe,A1,Mn,Zn
Zn	206.191,334.502,472.782	Sn,Ni,Fe,Pb,SI,Mn,Bi,Al
P	178.287	A1,Si
S	180.731	Mn,Sn,Zn
Mn	263.817,294.921,403.449	Al,Si,Sn,Pb,Fe,Ni
Si	288.158	Pb,Fe,Ni,Sn,Mn,Al,Cr
Cr	267.716,286.257,357.869	Pb,Fe,Ni,Si
Al	305.993,308.215,309.271,396.153	Si,Zn,Sn,Mn,Ni,Fe
Ag	328.068,338.289	Pb,Fe,Sn,Zn
Zr	343.823,468.780	Cr
Mg	280.270,285.213	Cr,Zr
Te	170.000,185.720	Sn
Se	196.092	Zn
Co	228.616,345.351	Pb,Fe,Ni,Sn,Zn,Al
Cd	214.441,228.802	Si
B	136.246	—
Ti	308.804,337.280	—
Be	177.634,313.042	—

4. 分析步骤

1）仪器开机后一般应保证足够的通电时间，使测光系统工作稳定。

2）运用仪器提供的诊断功能，定期对仪器状态进行诊断，如有异常及时予以处理，以保证其正常受控。

3）分析工作前，先激发一块样品2~5次，确认仪器处于最佳工作状态。

4）校准曲线的标准化：在所选定的工作条件下，激发标准化样品，每个样品至少激发3次，对校准曲线进行校正，若仪器出现重大改变或原始校准曲线因漂移超出校正范围，需要重新绘制校准曲线。

5）控制样品分析：用以校正分析样品与绘制工作曲线样品存在的差异。根据待测试样的种类，选择合适的控制样品，每个控制样品至少激发2次，测得结果的平均值与控制样品特性值比较，满足GB/T 14203—2016中"13.3 分析结果的监控"的要求，可继续下一步分析，否则需要重复前一步操作或查明原因，直至控制样品分析程序通过为止。

6）试样分析：每个样品在同一分析面不同位置独立激发至少2次，测量结果满足其重复性要求时，取其平均值。

7）分析结果：以质量分数（％）表示，数字修约按照 GB/T 8170—2008 的规定执行，修约到产品标准规定的位数。

5. 精密度

根据不同的统计方式，精密度的表示方法有多种，常用的有极差、标准偏差、方差、变异系数等，以下是铜合金、铝合金检测标准中精密度的表达方式。

（1）铜及铜合金精密度

1）重复性：在重复性条件下，精密度数据是由 11 家实验室对铜合金中 24 个元素的不同水平样品进行测定，每个实验室对每个水平的元素含量在重复性条件下独立测定 7～11 次。获得的两个独立测量结果之差的绝对值应不大于表 5-20 列出的重复性限（r），以不大于重复性限（r）的情况不超过 5% 为前提，重复性限（r）按表 5-20 列出的数据，采用线性内差法或外延法求得。

表 5-20　重复性限（r）　　　　　　　　　　　　　　（%）

Pb	w	0.00015	0.00047	0.0011	0.0045	0.0121	0.334	1.63	4.07
	r	0.00006	0.00010	0.0003	0.0007	0.0018	0.015	0.04	0.14
Fe	w	0.00020	0.00076	0.0035	0.0295	0.100	0.545	5.37	8.75
	r	0.00010	0.00015	0.0004	0.0033	0.008	0.019	0.11	0.18
Bi	w	0.00007	0.00095	0.0044	0.0219	0.0456	0.408	1.47	3.07
	r	0.00003	0.00010	0.0004	0.0028	0.0044	0.018	0.04	0.10
Sb	w	0.00023	0.0011	0.0046	0.0120	0.0208	0.0544	0.320	0.678
	r	0.00019	0.0002	0.0006	0.0020	0.0025	0.0050	0.020	0.035
As	w	0.00007	0.00052	0.0013	0.0060	0.0143	0.112	0.333	0.539
	r	0.00004	0.00007	0.0002	0.0004	0.0007	0.008	0.023	0.021
Sn	w	0.00020	0.00052	0.0011	0.0059	0.159	0.495	5.45	11.31
	r	0.00006	0.00017	0.0003	0.0004	0.009	0.018	0.10	0.22
Ni	w	0.00007	0.0014	0.0051	0.054	2.88	9.80	31.04	46.76
	r	0.00004	0.0003	0.0003	0.005	0.06	0.20	0.50	0.70
Zn	w	0.00014	0.00055	0.0048	0.0478	0.380	4.19	14.40	43.76
	r	0.00003	0.00017	0.0003	0.0045	0.015	0.10	0.30	0.40
P	w	0.00020	0.00043	0.0011	0.0054	0.011	0.034	0.059	0.082
	r	0.00007	0.00010	0.0002	0.0005	0.001	0.003	0.005	0.006
S	w	0.0002	0.0008	0.0031	0.0050	0.0094	0.094	0.25	0.58
	r	0.0001	0.0002	0.0003	0.0006	0.0010	0.007	0.011	0.016
Mn	w	0.00007	0.0012	0.0051	0.220	6.95	9.85	12.92	23.64
	r	0.00003	0.0001	0.0003	0.011	0.10	0.19	0.43	0.50
Si	w	0.00013	0.0005	0.0015	0.0072	0.0230	0.064	0.57	3.01
	r	0.00006	0.0002	0.0003	0.0005	0.0029	0.005	0.02	0.07
Cr	w	0.00005	0.0005	0.0012	0.0046	0.0088	0.085	0.50	1.21
	r	0.00003	0.0001	0.0002	0.0005	0.0008	0.005	0.02	0.05
Al	w	0.0006	0.0042	0.059	0.69	2.09	7.77	9.74	12.08
	r	0.0002	0.0009	0.005	0.03	0.05	0.16	0.19	0.24
Ag	w	0.0003	0.0012	0.0052	0.0110	0.0587	0.31	1.34	2.00
	r	0.0001	0.0002	0.0004	0.0010	0.0017	0.033	0.082	0.092
Zr	w	0.0002	0.0010	0.0048	0.049	0.150	0.51	0.78	0.95
	r	0.0001	0.0002	0.0005	0.0025	0.007	0.010	0.02	0.03
Mg	w	0.0005	0.0013	0.0053	0.023	0.065	0.11	0.70	1.33
	r	0.0001	0.0002	0.0008	0.003	0.006	0.01	0.02	0.045

（续）

Te	w	0.0003	0.0011	0.0034	0.0075	0.066	0.105	0.54	1.02
	r	0.0001	0.0003	0.0004	0.0005	0.006	0.008	0.023	0.025
Se	w	0.00016	0.0005	0.0010	0.0067	0.0115	0.100	0.250	0.365
	r	0.00003	0.0001	0.0002	0.0006	0.0021	0.008	0.018	0.022
Co	w	0.0004	0.0010	0.0050	0.0112	0.107	0.508	0.810	1.060
	r	0.0001	0.0002	0.0004	0.0021	0.005	0.008	0.016	0.042
Cd	w	0.00006	0.0004	0.0017	0.0073	0.0162	0.150	0.299	1.195
	r	0.00002	0.0001	0.0002	0.0006	0.0010	0.010	0.023	0.055
B	w	0.0013	0.0039	0.0074	0.010	0.0179	0.0312	—	—
	r	0.0003	0.0006	0.0007	0.0010	0.0015	0.0030	—	—
Ti	w	0.0116	0.0324	0.317	1.053	—	—	—	—
	r	0.0010	0.002	0.042	0.092	—	—	—	—
Be	w	0.0119	1.71	2.12	2.73	3.12	—	—	—
	r	0.0011	0.071	0.072	0.13	0.15	—	—	—

注：重复性限（r）为 2.8S，S 为重复性标准差。

2）再现性：在再现性条件下，获得的两次独立结果的绝对值差值应不超过表 5-21 列出的再现性限（R），以不大于再现性限（R）的情况不超过 5% 为前提，再现性限（R）按表 5-21 列出的数据，采用线性内插法或外延法求得。

表 5-21 再现性限（R） （%）

Pb	w	0.00015	0.00047	0.0011	0.0045	0.0121	0.334	1.63	4.07
	R	0.00010	0.00013	0.0003	0.00011	0.0020	0.025	0.06	0.21
Fe	w	0.00020	0.00076	0.0035	0.0295	0.100	0.545	5.37	8.75
	R	0.00010	0.00017	0.0005	0.0038	0.012	0.029	0.17	0.27
Bi	w	0.00007	0.00095	0.0044	0.0210	0.0456	0.408	1.47	3.07
	R	0.00007	0.00040	0.0010	0.0031	0.0052	0.019	0.05	0.12
Sb	w	0.0002	0.0011	0.0046	0.0120	0.0208	0.0544	0.320	0.678
	R	0.0002	0.0003	0.0015	0.0010	0.0030	0.0059	0.033	0.041
As	w	0.00007	0.00052	0.0013	0.0060	0.0143	0.112	0.333	0.539
	R	0.00006	0.00013	0.0003	0.0006	0.0010	0.009	0.023	0.020
Sn	w	0.00020	0.00052	0.0011	0.0059	0.159	0.495	5.45	11.31
	R	0.00010	0.00021	0.0004	0.0009	0.011	0.026	0.17	0.34
Ni	w	0.00007	0.0014	0.0051	0.054	2.88	9.80	31.04	46.76
	R	0.00006	0.0005	0.0005	0.006	0.09	0.25	0.60	0.75
Zn	w	0.00014	0.00055	0.0048	0.0478	0.380	4.19	14.40	43.76
	R	0.00009	0.00027	0.0012	0.0054	0.020	0.15	0.42	0.45
P	w	0.00020	0.00043	0.0011	0.0054	0.011	0.034	0.059	0.082
	R	0.00010	0.00030	0.0005	0.0010	0.002	0.003	0.006	0.008
Mn	w	0.0002	0.0008	0.0031	0.0050	0.0094	0.094	0.25	0.58
	R	0.0002	0.0003	0.0004	0.0008	0.0018	0.009	0.02	0.07
S	w	0.00007	0.0012	0.0051	0.220	6.95	9.85	12.92	23.64
	R	0.00007	0.0004	0.0011	0.015	0.20	0.19	0.50	0.52
Si	w	0.00013	0.0005	0.0015	0.0072	0.0230	0.064	0.57	3.01
	R	0.00010	0.0003	0.0006	0.0008	0.0032	0.007	0.03	0.11
Cr	w	0.00005	0.0005	0.0012	0.0046	0.0088	0.085	0.50	1.21
	R	0.00005	0.0002	0.0003	0.0004	0.0005	0.008	0.03	0.07
Al	w	0.0006	0.0042	0.059	0.69	2.09	7.77	9.74	12.08
	R	0.0004	0.0011	0.006	0.04	0.08	0.24	0.29	0.33

（续）

Ag	w	0.0003	0.0012	0.0052	0.0110	0.059	0.31	1.34	2.00
	R	0.0002	0.0003	0.0004	0.0010	0.002	0.036	0.10	0.11
Zr	w	0.0002	0.0010	0.0048	0.049	0.15	0.51	0.78	0.95
	R	0.0002	0.0003	0.0008	0.005	0.01	0.019	0.03	0.04
Mg	w	0.0005	0.0013	0.0053	0.023	0.065	0.11	0.70	1.33
	R	0.0003	0.0003	0.0010	0.004	0.007	0.01	0.02	0.062
Te	w	0.00030	0.0011	0.0034	0.0075	0.066	0.105	0.54	1.02
	R	0.00015	0.0004	0.0006	0.0008	0.006	0.013	0.060	0.072
Se	w	0.00016	0.0005	0.0010	0.0067	0.0115	0.100	0.250	0.365
	R	0.00010	0.0002	0.0003	0.0006	0.0021	0.013	0.033	0.048
Co	w	0.0004	0.0010	0.0050	0.0112	0.107	0.508	0.810	1.060
	R	0.0001	0.0002	0.0006	0.0021	0.015	0.020	0.042	0.079
Cd	w	0.00006	0.0004	0.0017	0.0073	0.0162	0.150	0.299	1.195
	R	0.00003	0.0002	0.0003	0.0006	0.0013	0.015	0.040	0.080
B	w	0.0013	0.0039	0.0074	0.010	0.0179	0.0312	—	—
	R	0.0007	0.0008	0.0010	0.0015	0.0021	0.0034	—	—
Ti	w	0.0116	0.0324	0.317	1.053	—	—	—	—
	R	0.0015	0.0030	0.053	0.098	—	—	—	—
Be	w	0.0119	1.71	2.12	2.73	3.12	—	—	—
	R	0.0012	0.10	0.13	0.14	0.16	—	—	—

注：再现性限（R）为 $2.8S_R$，S_R 为再现性限标准差。

（2）铝及铝合金精密度

1）铝合金中各元素含量检测的重复性：在重复性条件下获得的 11 次独立测试结果的测定值，在以下给出的测定范围内，这 11 个测试结果的相对标准偏差不超过表 5-22 的规定。

表 5-22　重复性条件下的相对标准偏差　　　　　　　　（%）

测定元素的质量分数	相对标准偏差	测定元素的质量分数	相对标准偏差
≤0.0005	25	0.10（不含）~0.50	5
0.0005（不含）~0.001	14	0.50（不含）~1.0	2.5
0.001（不含）~0.01	9	1.0（不含）~8.0	2
0.01（不含）~0.10	6	>8.0	1.5

2）铝合金中各元素含量检测的允许差：实验室之间分析结果的相对误差应不大于表 5-23 列出的允许差。

表 5-23　允许差　　　　　　　　（%）

测定元素的质量分数	相对允许差	测定元素的质量分数	相对允许差
≤0.0005	50	0.10（不含）~0.50	14
0.0005（不含）~0.001	40	0.50（不含）~1.0	7
0.001（不含）~0.01	25	1.0（不含）~8.0	6
0.01（不含）~0.10	17	>8.0	5

5.4.3　SPECTROLAB M12 光电直读光谱仪的操作

SPECTROLAB M12 光电直读光谱仪的具体操作如下。

1. 开机

打开稳压器，同时打开 ZG-Ⅲ高纯氩气净化器（见图 5-88），打开氧气减压阀（见图 5-89），主压力表压力不低于 2MPa，分压表压力为 0.50~0.70MPa。打开软件"Spark Analyzer Pro Lab"，等待数分钟，打开光源按钮，等待足够时间以待仪器稳定，一般短期关机（不超过 12h）应最少冲氩 15min；长期关机后的等待时间应超过 8h。

图 5-88　高纯氩气净化器

图 5-89　氧气减压阀

在冲氩时间足够之后，激发［单击软件界面"开始（F2）"按钮］废样，激发斑点正常如图 5-90 所示，未完全激发斑点如图 5-91 所示，单击"舍弃"按钮，删除废点数据。

图 5-90　激发斑点正常

图 5-91　未完全激发斑点

2. 自动重描迹

自动重描迹一般一个月一次，或由具体情况决定，单击"描迹（F7）"按钮开始自动重描迹，如图 5-92 所示。

图 5-92　自动重描迹

激发"RH18"标准样品时，最少保留 3 个稳定点，设备将自动或手动接收数据，完成描迹。

3. 全局标准化

全局标准化一般两周一次，或者视情况而定，单击"标准化（S）"按钮开始全局标准化，如图 5-93 所示。

图 5-93 全局标准化

依次激发"RA10""RA18""RA19"标准样品，最少保留 3 个稳定点，若数据不稳定，则舍弃数据。

激发完最后一个标准样品后，单击软件界面"完成（F9）"按钮，保存数据，弹出"标准化结果"对话框，如图 5-94 所示。

图 5-94 "标准化结果"对话框

4. 类型标准化

实验室每天都需要使用合适的标准样品进行类型标准化。单击"加载方法（F10）"按钮，选择合适的分析方法（"Al-01"表示铝基通用程序，"Al-10"表示纯铝分析程序，"Al-20"表示 Al-Si 合金，"Al-40"表示 Al-Mg 合金等），如图 5-95 所示。单击"类型标准化（Shift F8）"按钮，进行类型标准化，如图 5-96 所示。

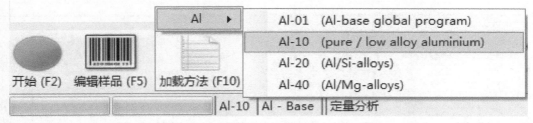

图 5-95 选择分析方法

图 5-96 类型标准化

分析相应标准物质，至少保留 3 个稳定点，若标准样品一直不够稳定，则选取合适位置分析 5~8 个点，保留平均值，单击"完成（F9）"按钮，如图 5-97 和图 5-98 所示，完成类型标准化，进行试样分析。

5. 分析未知样品

单击"加载方法（F10）"按钮，选择合适的分析方法。单击"类型校正（F8）"按钮，选择合适的标准样品用以分析未知试样，类型校正如图 5-99 所示，由于待分析试样是与标准样品"E3201a"含量接近的产品，所以选择该标准物质。

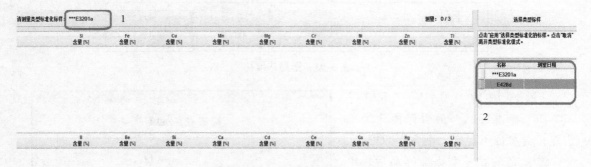

图 5-97　分析相应标准物质

图 5-98　完成类型标准化

图 5-99　类型校正

　　类型校正含量如图 5-100 所示。激发数个点，具体数量根据试样决定，一般不少于 3 个。图 5-100 中的"类型校正含量%"栏表示该元素含量为准确值；"含量（%）"栏表示含量为定性值，只能作为参考，不能用于准确计量数据。

6. 输入类型标准化标准样品

　　首先在分析界面分析该标准样品，注意含量小于下限的标准样品，若测量值小于仪器测量下限，那么即使有标准值也不能输入。在分析界面单击"返回"按钮如图 5-101 所示。单

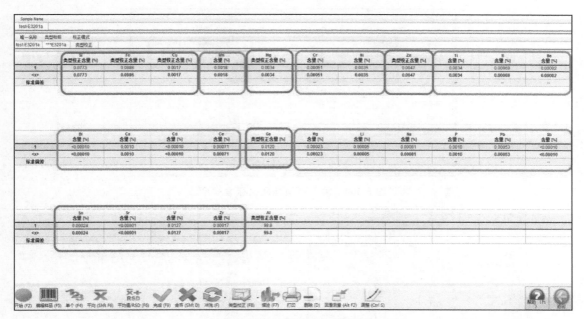

图 5-100　类型校正含量

击"标样"按钮，如图 5-102 所示。单击"新建"按钮，如图 5-103 所示。"标样描述"窗口如图 5-104 所示，该窗口用于输入类型标准化标样，在"名称""基体元素""合金组"对应文本框中分别输入对应值，注意合金组必须选择"None"选项，在"类型："选项组中勾选"类型标准化"选项，单击"确认"按钮，进入图 5-105 所示界面。

图 5-101　单击"返回"按钮

图 5-102　单击"标样"按钮

图 5-103　单击"新建"按钮

按图 5-105 所示各位置处编辑相应的信息：在位置 1 确认是否为刚输入的标准样品，如果不是，选择对应标准样品；在位置 2 单击"+"按钮，以添加对应标准样品的含量；在位置 3 输入"元素"名称和"标称含量"，注意元素大小写必须正确；在位置 4，单击"保存"按钮保存数据。

返回软件初始界面，单击"方法"按钮，选择标准样品对应的方法，如图 5-106 所示。

图 5-104　输入类型标准化标准样品

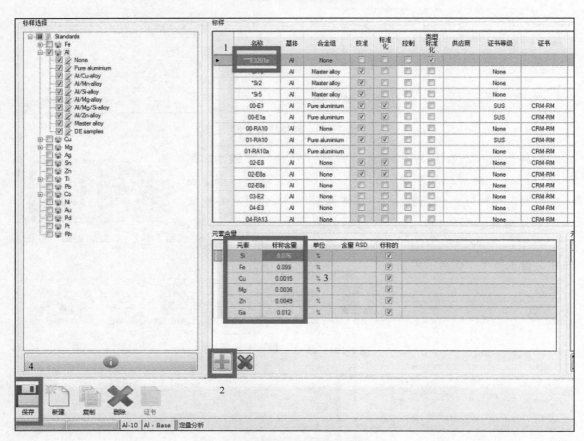

图 5-105　编辑相应的信息 1

图 5-106　调出"方法"

　　按图 5-107 所示各位置处编辑相应的信息：单击位置 1 选择"类型标样"标签；单击位置 2 选中刚添加的标准样品；单击位置 3 所示图标，将选中的标准样品导入相应的方法内；

位置 4 处默认为刚导入的标准样品；在位置 5 所示区域将"最小含量"栏对应数值全部修改为"0.0000"，"最大含量"栏对应数值全部修改为"99.0"；单击位置 6 的"保存"按钮保存数据。

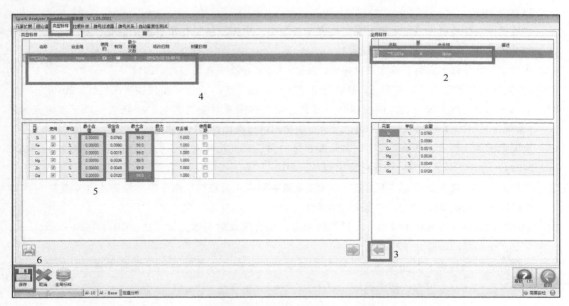

图 5-107 编辑相应的信息 2

返回软件初始界面，单击图 5-108 所示"分析"按钮，进行试样分析。

图 5-108 试样分析

7. 注意事项

为了让光电直读光谱仪在铝及铝合金分析中得到准确结果，应注意以下几点：

1）要做好标准化工作。为了调节因电子元件、光源、分光系统等因素的变化而引起的工作曲线的漂移，分析试样前应对工作曲线做好标准化。

2）合理使用标准样品或控制样品。为了解决标准化样品与本厂试样结构状态等不同而造成的差异及第三元素的影响，应采用与待测试样成分相近、组织结构相同的标准样品或控制样品来校正。

3）分析标准样品或控制样品与分析试样时的条件必须一致，这样才能保证试样分析数据准确可靠。这些条件包括分析参数、分析面的平整度及表面粗糙度、氩气的流量和纯度、温度与湿度、分析间隙和激发台状况等。

4）仪器维护非常重要，平时工作时要留心观察，当听到声音不正常或看到不正常现象时，要立刻停止分析，及时检查、判断、处理相关状况，仪器正常后方可进行分析工作，切不可让仪器"带病"工作。

参 考 文 献

[1] 梅坛，陈忠颖，刘巍，等. 金属材料原子光谱分析技术［M］. 北京：中国质检出版社，中国标准出版社，2019.

[2] 机械工业理化检验人员技术培训和资格鉴定委员会，中国机械工程学会理化检验分会. 金属材料化学分析［M］. 北京：科学普及出版社，2015.

[3] 张和根，叶反修. 光电直读光谱仪技术［M］. 北京：冶金工业出版社，2011.

[4] 《铁路计量技术与管理》编写组. 铁路计量技术与管理［M］. 北京：中国铁道出版社，2010.

[5] 全国钢标准化技术委员会. 碳素钢和中低合金钢　多元素含量的测定　火花放电原子发射光谱法（常规法）：GB/T 4336—2016［S］. 北京：中国标准出版社，2016.

[6] 全国钢标准化技术委员会. 铸铁　多元素含量的测定　火花放电原子发射光谱法（常规法）：GB/T 24234—2009［S］. 北京：中国标准出版社，2010.

[7] 全国钢标准化技术委员会. 不锈钢　多元素含量的测定　火花放电原子发射光谱法（常规法）：GB/T 11170—2008［S］. 北京：中国标准出版社，2009.

[8] 全国有色金属标准化技术委员会. 铝及铝合金光电直读发射光谱分析方法：GB/T 7999—2015［S］. 北京：中国标准出版社，2016.

[9] 全国有色金属标准化技术委员会. 铜及铜合金分析方法　火花放电原子发射光谱法：YS/T 482—2022［S］. 北京：冶金工业出版社，2022.